숲
읽어주는
남자

산책이 즐거워지는
자연 이야기

숲
읽어주는
남자

황경택 글·그림

황소걸음
Slow&Steady

머리말

나는 숲해설가다. 나는 식물학자도, 곤충학자도, 토양학자도 아니지만 자연과 어떻게 친해져야 좋은지, 자연을 어떻게 바라봐야 좋은지 안다. 자연 관찰 일기를 쓰고, 자연물을 그리고, 숲 해설을 하며 아이들과 숲에서 보낸 시간이 쌓이다 보니 자연스레 깨달았다.

숲 해설interpret은 동식물의 이름과 구별하는 방법, 쓰임새 등을 알려주고, 고사성어나 전설과 함께 설명하는 일이 아니라, 숲을 읽어주는 일이다. 숲 속 생물의 삶과 그들이 하는 이야기를 깊이 이해한 다음, 사람들이 알아듣기 쉽게 통역하는 일이다. 숲 속 생물의 삶이 우리 삶과 얼마나 밀접한지 알려주는 일이다. 달리 말하면 자연과학의 인문학적 해석이다. 이때 중요한 것은 자연에 대한 많은 지식보다 자연을 바라보는 '관점'이다.

나는 자연을 읽는 몇 가지 방법을 알려주고, 자연을 어떻게 바라봐야 좋은지 제안하고자 이 책을 썼다. 너무 어렵거나 이론적인 내용은 되도록 피했다. 숲의 이야기를 모두 담기보다 가까운 곳에서 산책하며 만나기 쉬운 풀과 나무, 동물과 자연물 위주로 설명했다. 체험한 뒤 아무것도 모르거나 아무것도 모른 채 체험하기보다 숲을 조금이나마 이해한 상태에서 체험하면 그 깊이와 넓이가 더해지리라 생각한다.

이 책을 통해 자연에 관심이 생겨서 부족한 부분은 스스로 찾아보고 채워나가면 좋겠다. 아울러 풀과 나무, 동물과 숲을 조금 다르게 볼 수 있길 바란다.

황경택

차례

5장 숲다운 숲, 북한산 ■ 207

6장 다시 집으로 ■ 355

1장

생각보다
가까운 자연

눈뜨자마자 자연

아침에 눈을 뜬다. 부스스 일어나 창문을 여니 햇빛에 눈이 부시다. 매일 아침 뜨는 해지만 대단하다는 생각이 든다. 이 세상 모든 생명은 그에 기대 살아가지 않는가.

햇빛은 생물이 살기 좋은 온도를 만들고, 식물은 그 빛으로 광합성을 해 살아가며 더불어 산소를 만든다. 수많은 생명체가 산소를 호흡하고, 식물은 초식동물을, 초식동물은 육식동물을 먹여 살린다. 햇빛은 이처럼 생명을 살아가게 하고, 생명체의 몸에서 몸으로 흐른다. 오늘도 해에게 고맙다는 생각으로 하루를 시작하자.

아침 준비를 하려고 채소 바구니를 보니, 감자에 싹이 났다. 살아 있다는 증거다. 감자도 자연이다. 우리가 먹는 음식은 모두 자연이다. 밥인 쌀, 김치인 배추, 양념으로 쓰인 파와 마늘, 고추, 어쩌다 먹는 돼지고기…. 모두 자연이다.

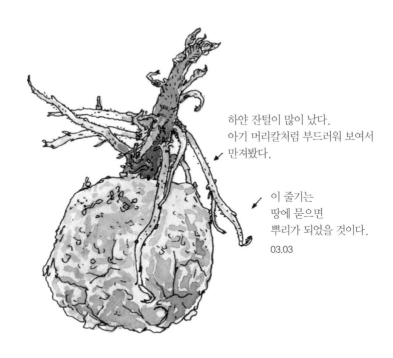

하얀 잔털이 많이 났다.
아기 머리칼처럼 부드러워 보여서
만져봤다.

이 줄기는
땅에 묻으면
뿌리가 되었을 것이다.

03.03

잘라보았더니
감자 안에는 특별한
변화가 없다.

이렇게 생기지 않았을까
짐작했다. 그리고 보면
감자 싹도 '눈'이니
나무의 겨울눈처럼
그 상태로
길어지는 것이겠다.

세수하고 옷을 챙겨 입는다. 면으로 만든 티셔츠에 청바지다. 면은 목화에서 씨를 뺀 솜이다. 솜을 타서 실을 뽑고, 그 실로 천을 짜서 옷을 만든다. 옷도 자연에서 얻은 것이다. 자연은 언제나 가까이 있다.

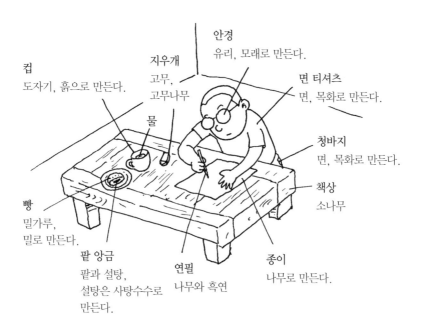

안경
유리, 모래로 만든다.

지우개
고무,
고무나무

컵
도자기, 흙으로 만든다.

면 티셔츠
면, 목화로 만든다.

물

청바지
면, 목화로 만든다.

책상
소나무

빵
밀가루,
밀로 만든다.

팥 앙금
팥과 설탕,
설탕은 사탕수수로
만든다.

연필
나무와 흑연

종이
나무로 만든다.

길가에도 자연

　자연을 느끼려고 멀리 가지 않아도 된다. 근사하고 멋진 곳에 가야 한다는 마음이 발걸음을 무겁게 한다. 결국 안 간다. 가볍게 나서자.

　문을 여니 화분이 보인다. 도심 골목에 화분 한두 개는 있다. 화분에는 꽃이나 채소가 자란다. 화분을 들여다보면 가꾸는 사람이 보인다. '이분은 상추를 좋아하는구나.' '이분은 시골에서 산 경험이 있구나.'

　화분에서 자라는 꽃이나 채소를 보면 동물원에 있는 동물이나 반려동물이 생각난다. 아무래도 자연스럽지 않다. 그래도 화분이 곁에 있으면 정서적으로 안정되고 건강해지는 듯하다. 왜 그럴까? 우리가 곧 자연이

기 때문이다. 자연과 동떨어진 도심에 살면서도 우리는 화분을 가꾸고
자연이라는 끈을 놓지 않으려 한다.

골목을 빠져나오면 큰길이다. 차가 다니는 길은 아스팔트로 포장되었
고, 사람들이 다니는 길에는 보도블록이 깔렸다. 블록이 깔린 보도에는
반드시 풀이 있다. 민들레, 땅빈대, 뽀리뱅이, 바랭이, 강아지풀 같은 종
류다. 빗물이 빠지라고 보도블록에 틈을 둔다. 오래전 땅속에 묻힌 씨앗
이나 지난해 떨어진 씨앗이 틈 사이로 싹을 내는 것이다.

보도블록과 담벼락 틈에 풀이 많다. 주로 민들레나 뽀리뱅이다. 가끔

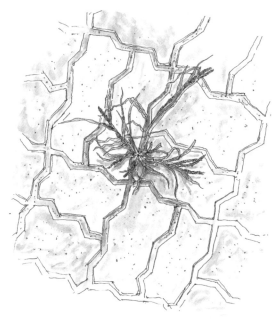

보도블록 좁은 틈에서도 생명이 자란다.
생명은 빈틈을 놓치지 않는다.

나무도 자란다. 가죽나무나 단풍나무 종류다. 다른 곳도 비슷하다. 왜 그럴까? 바람으로 씨앗을 멀리 보내는 풀과 나무다. 바람을 타고 날다가 담벼락에 막히자 보도블록과 담벼락 틈에 뿌리를 내리고 사는 것이다.

풀과 나무는 바람 말고도 여러 가지 방법으로 씨앗을 퍼뜨린다. 사람 신발이나 옷자락, 동물의 털에 붙여 멀리 보내기도 하고, 개미나 새를 이용해 퍼뜨리기도 한다. 풀과 나무는 어떤 경우라도 물과 공기, 햇빛이 있으면 살아간다.

도시에도 생각보다 많은 식물이 산다. 오염이 심하고 삭막한 도시에서 풀과 나무를 만나면 전쟁터에서 태어난 아이처럼 반갑다. 그 생명력이 놀랍고, 회색 사이에 빛나는 녹색이 고맙다. 우리 주변에 생각보다 많은 식물이 산다.

뿌리뱅이
담 아래 빈틈에
뿌리를 내렸다.
벽 쪽에 붙은 잎이
더 많이 자랐다.
옆으로 뻗을 에너지를
아껴서 위로 보냈나?
04.02

씨가 여물면 갓털이 나서
바람에 쉽게 날린다.

나중에 꽃대가 나와서
높이 자란다.
05.04

건물도 자연

집도, 건물도, 보도블록도 콘크리트로 만든다. 콘크리트는 자연과 동떨어진 인공적인 도시를 상징하지만 콘크리트도 자연이다. 콘크리트는 시멘트와 모래를 섞고 물에 반죽한다. 물과 모래는 당연히 자연이다. 그럼 시멘트는? 석회암으로 만드는 시멘트도 자연이다. 석회암은 오래전 바다에 살던 조개의 껍데기와 산호가 쌓이고 쌓여서 만들어진다.

콘크리트 건물뿐만 아니라 우리를 둘러싼 것은 대부분 자연이거나 자연에서 온 것이다. 이런 관점으로 보면 세상이 달리 보인다. 다르게 보기 시작하면 세상은 참 재밌어진다.

동물도 있다

　우리 주변에 가장 많은 동물은 곤충이다. 종류가 많고 개체 수도 많다. 지구에 사는 개미 무게를 모두 더하면 지구에 사는 사람 몸무게를 모두 더한 것과 비슷할 정도로 많다. 얼마나 많은 곤충이 사는지 짐작하기도 어렵다. 하지만 곤충은 크기가 작고 숨는 데 명수여서 눈에 잘 띄지 않는다. 쉽게 볼 수 있는 동물은 새다.

　새는 어디라도 훨훨 날아간다. 인간은 아주 옛날부터 그런 새를 동경하며 하늘을 날고 싶어 했다. 결국 인간은 비행기를 만들었지만, 자유롭게 하늘을 나는 새를 여전히 동경한다. 새가 날 수 있는 가장 큰 비결은 깃털이다.

까치 깃털
어디서 빠진 깃털일까? 일단 왼쪽 날개에서 빠졌다.
깃축을 중심으로 비대칭인 걸 보면 분명히 안쪽은 아니고 바깥쪽이다.
깃 끝이 뾰족하지 않고 흰색도 없는 걸 보니 첫째날개깃은 아니고
첫째날개덮깃 같다.
깃털 하나도 제 위치에서 쓰임새에 맞게 생겼다. 얼핏 지나치기 쉬워도
자세히 보면 그 쓰임새가 분명히 다른 것을 알 수 있다.
06.27

바닥에 깃털이 떨어졌다. 주워서 모양과 색깔을 살펴보니 주인은 까치
다. 왼쪽 날개에서 빠진 깃털이다. 어떻게 아느냐고? 몸통 깃털은 작고
부드럽다. 날개깃은 뾰족하고 나뭇잎의 잎자루, 잎맥과 비슷하다. 깃털
이 깃축을 중심으로 비대칭이고 길수록 바깥쪽 날개깃이다. 새의 날개
에 붙었을 때 비대칭인 깃털이 짧은 쪽을 앞이라 생각하면 왼쪽 깃인지,
오른쪽 깃인지 알 수 있다.

공룡에서 진화한 새에게 깃털은 오랜 진화의 결과이면서 기능도 다양
하다. 체온을 유지하기 위한 보온과 방수 기능, 날기 위한 기능, 포식자
를 피하기 위한 보호색 기능, 짝짓기를 위한 혼인색 기능….

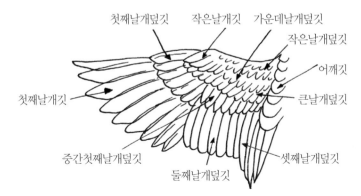

깃털 하나에 수억 년이나 되는 역사가 담겼다. 어디 깃털뿐인가. 우리가 보는 모든 동식물의 모습은 오랜 진화의 결과물이다. 그런 생각으로 관찰하면 그들이 새롭게 보인다.

저 나무는 왜 넓은 잎을 달았을까? 저 풀은 왜 노란 꽃을 피울까? 저 곤충은 왜 날개에 점이 있을까? 모든 생명체는 저마다 독특한 모습이다. 그 디자인에는 까닭이 있을 텐데, 궁금해서 다가가면 조금 알려주기도 하고 숨기도 한다. 자연을 공부하는 일은 때로 숨바꼭질 같기도 하고, 숨은그림찾기 같기도 해서 재밌다.

동물 약 80%가 곤충
세상에서 가장 많은 동물은 곤충이다. 동물 가운데 약 80%가 곤충이다. 또 세상에 존재하는 동물 95% 이상이 새끼손가락보다 작다. 조류는 세계적으로 1만여 종이 있고, 국내에는 400여 종이 있다. 물고기(민물고기+바닷물고기)는 세계적으로 2만 4000여 종이 있고, 우리나라에는 1000여 종이 있다. 포유류는 세계적으로 4000여 종이 있고, 우리나라에는 100여 종이 있다.

호기심이 앎의 출발

자연에 다가가는 사람들에게 있는 공통점은 자연에 대한 관심과 호기심일 것이다. 자연을 볼 때는 휙 지나치지 말고 천천히 두리번거리며 걸어야 더 많은 것을 볼 수 있다. 뭔가 발견하면 멈춰서 찬찬히 보자. 그러다 보면 새로운 사실을 깨닫는다. 모르던 것을 새로 알아내는 것이 관찰이다. 호기심이 없다면 관찰하지 않는다. 호기심이 모든 앎의 출발이다.

2장

가까운 식물원,
동네 공원

공원은 작은 식물원

　요즘은 어느 동네나 작은 공원이 있다. 날이 따뜻해지면 동네 주민이 앉아서 이야기를 나누고, 간단한 운동도 한다. 작은 공원이지만 나무가 꽤 여러 종류다.

　느티나무, 단풍나무, 백목련, 개나리, 스트로브잣나무, 소나무, 벚나무, 수수꽃다리, 산철쭉, 명자나무… 어느 공원에 가도 비슷하다. 조경 업체에서 공원 조경을 할 때는 어느 계절이나 보기 좋게 심기 때문이다. 꽃도 한꺼번에 피는 게 아니라 계절에 따라 피도록 심는다. 반드시 꽃이 아니라도 단풍이 아름다운 나무를 심는다거나, 겨울에도 녹색이 있도록 바늘잎나무(침엽수)를 심는 등 나름의 기준에 따라 공원을 꾸민다. 우리 동네 공원은 어떤 생각으로 조경했는지 살펴봐도 재밌다.

목련

우리 동네 공원에는 백목련이 참 예쁘다. 잎이 나기 전에 단아하고 고고한 느낌이 드는 꽃이 핀다. 향기도 은은하고 청량해서 이른 봄에 그 곁을 지날 때면 늘 행복해진다.

사람들이 목련은 꽃이 필 때 아름답지만, 질 때 지저분하다고 한다. 정말 지저분할까? 떨어진 꽃잎을 보니 신발 바닥 무늬가 선명하게 찍혔다. 와플 같은 모양도 보인다. 공기를 만나 산화되면서 흰 꽃이 갈색으로 변한 것이다. 사과를 베어 먹고 잠시 두면 갈색으로 변하는 이치와 같다.

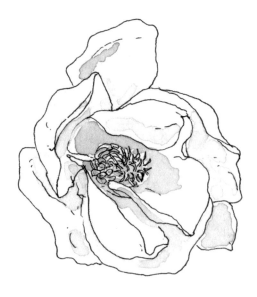

목련이 피기 시작했다.
코를 대니 황홀한 향이 난다.
이런 향수를 만들어서 뿌리면
다 넘어갈 것 같다.

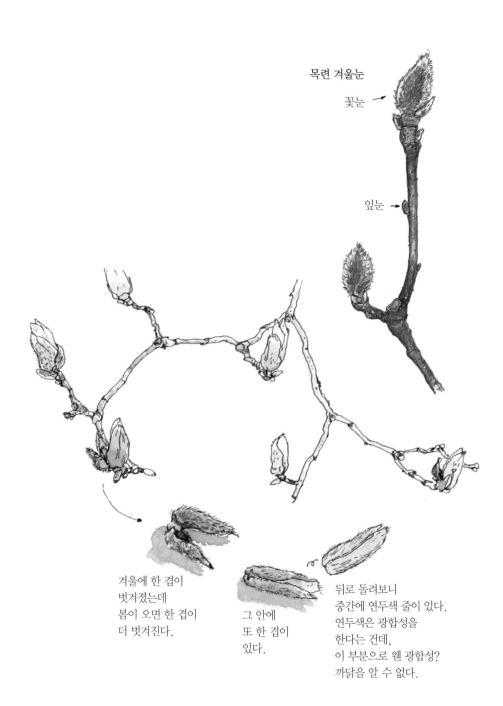

목련 겨울눈

꽃눈 →

잎눈 →

겨울에 한 겹이
벗겨졌는데
봄이 오면 한 겹이
더 벗겨진다.

그 안에
또 한 겹이
있다.

뒤로 돌려보니
중간에 연두색 줄이 있다.
연두색은 광합성을
한다는 건데,
이 부분으로 웬 광합성?
까닭을 알 수 없다.

이런 갈변 현상을 이용해 작품을 만들 수 있다. 떨어진 지 오래되지 않아 깨끗한 꽃잎을 주워서 손톱으로 꾹꾹 눌러가며 이름을 쓰거나 얼굴을 그려보자. 1분쯤 지나면 자국이 갈색으로 변해서 흰 도화지에 갈색 물감으로 그린 듯한 그림이 나타난다. 어느 날 바나나 껍질에도 해보니 갈색 그림이 나온다. 이런 것도 일상에서 가볍게 즐기는 미술 활동이다.

목련 꽃은 원시적인 꽃이라고 한다. 목련은 약 1억 년 전부터 꽃을 피웠다. 꽃받침과 꽃잎의 구분이 모호하고, 암술과 수술이 붙어 있으며, 꽃에 꿀이 거의 없기 때문이다.

목련은 어떻게 꽃가루받이할까? 목련은 암술과 수술이 나오는 시간이 다르다. 1억 년 전에는 곤충도 다양하지 않아서, 주로 딱정벌레에 의존해 꽃가루받이했을 것으로 추측한다. 지금은 주로 벌에 의존해 꽃가루

수술을 떼어냈다.
세어보니
예순아홉 개다.
암술도 세어보니
똑같다.

수술과 암술
모두
나선형이다.

암술

수술
양쪽에 꽃가루주머니가 있다.

꽃잎은 모두 아홉 장이다.
꽃잎은 작은 상처가 나도
금방 갈색으로 변한다.
꽃잎을 도화지 삼아
그림을 그려보니 재밌다.
04.09

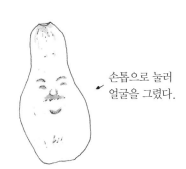

손톱으로 눌러
얼굴을 그렸다.

받이한다. 벌이 꽃 안으로 들어가 꿀을 찾다가 꿀이 거의 없는 것을 알고 꽃가루만 따서 나가는데, 항아리처럼 생긴 꽃 구조 때문에 바로 나오지 못하고 헤맨다. 그러면서 꽃가루받이를 돕는다.

목련 꽃봉오리를 보고 방향을 알 수 있다. 북쪽을 향해 구부러지면서 꽃이 핀다. 왜 그런지 정확히 알 수 없지만, 남쪽에 해가 비치는 시간이 길기 때문에 그쪽 부분 꽃잎이 빨리 생장해서 북쪽으로 구부러지는 게 아닌가 싶다.

햇빛이 많이 비치는
남쪽 부분이 생장이 빨라서
북쪽으로 휘어 자란다고 들었다.
나침반으로 보니 북동쪽이다.

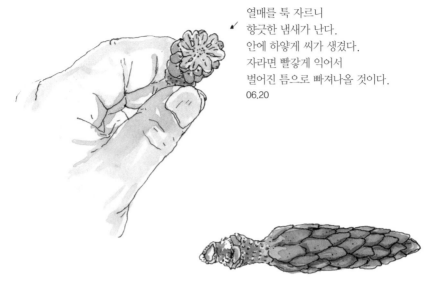

열매를 툭 자르니
향긋한 냄새가 난다.
안에 하얗게 씨가 생겼다.
자라면 빨갛게 익어서
벌어진 틈으로 빠져나올 것이다.
06.20

비가 오면 열매 여러 개가 땅바닥에 떨어진다.
자연스럽게 솎아내기를 하는 것 같다.

새들이 이 빨간 씨앗을 먹고 배설해서 번식하게 해준다.
숲 속에서 가끔 목련이나 일본목련을 만나는데,
그게 바로 새가 심은 나무다.

씨앗이 큰 것과 작은 것이 있다. 쌀에 쌀눈이 있듯이 이 씨앗도 그런 건가?
작은 씨앗에는 실이 매달렸다. 그럼 실을 만들어내는 장치인가?
10.10

목련은 잎보다 꽃이 먼저 핀다. 목련처럼 잎이 나오기 전에 꽃이 피는 나무가 있다. 매실나무, 벚나무, 개나리, 진달래, 산수유나무, 생강나무… 꽤 많다. 이른 봄에 꽃이 피는 나무는 대부분 잎보다 꽃이 먼저 핀다. 왜 그럴까? 자연이 하는 일을 우리가 다 알 수 없지만, 인간이 지금까지 알아낸 지식으로 유추할 수는 있다.

이른 봄에 잎과 꽃, 줄기까지 내려면 에너지가 많이 든다. 그래서 가장 중요한 꽃가루받이를 위해 꽃을 먼저 내고, 줄기와 열매의 생장과 내년에 사용할 양분을 저장하기 위해 나중에 잎을 내서 광합성을 한다. 이외에도 잎이 함께 돋아서 울창해지면 벌, 나비, 등에처럼 꽃가루받이해주는 곤충이 꽃과 꽃 사이를 날아다니기 어렵다. 그래서 걸리적거리는 잎은 나중에 낸다. 모두 일리 있다. 정말 세상에 이유 없는 현상은 없다.

잎이 나오기 전에 꽃이 먼저 피는 나무

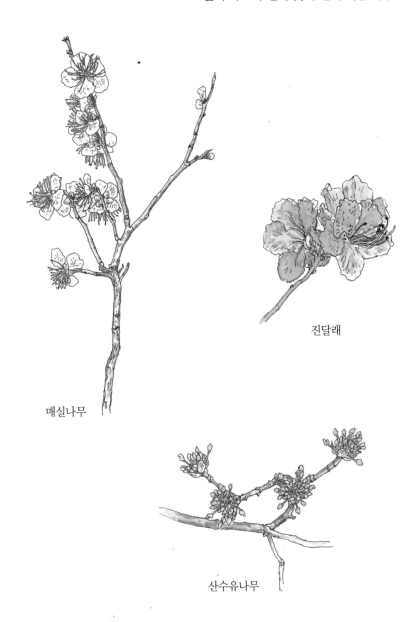

매실나무

진달래

산수유나무

여러 가지 목련

우리 주변에 목련과 식물이 꽤 많다. 모두 꽃이 화려하고 향기가 진하다. 겨울눈도 다른 식물
에 비해서 크다.

위에서 본 목련

밑에서 본 목련

목련
이게 진짜 목련이다. 잎 뒷면에 약간 분홍빛이 돈다.
흔히 목련이라고 하는 것은 백목련이다.
04.09

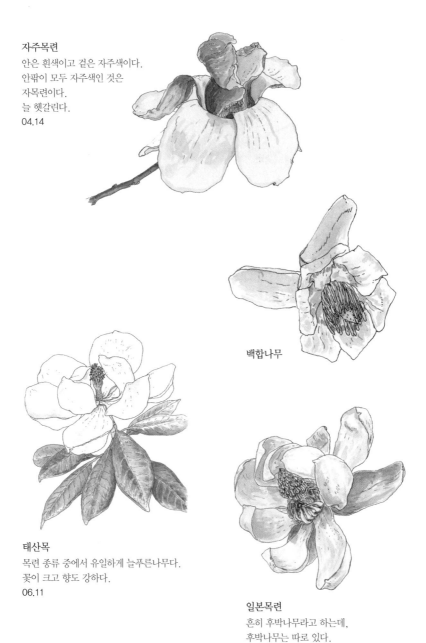

자주목련
안은 흰색이고 겉은 자주색이다.
안팎이 모두 자주색인 것은
자목련이다.
늘 헷갈린다.
04.14

백합나무

태산목
목련 종류 중에서 유일하게 늘푸른나무다.
꽃이 크고 향도 강하다.
06.11

일본목련
흔히 후박나무라고 하는데,
후박나무는 따로 있다.
05.18

개나리

봄소식을 알려주는 전령이라고 한다. 사실 봄의 전령은 꽤 많다. 큰개불알풀은 2월이면 파란 꽃을 피우고, 매화도 3월이 되기 전에 핀다. 그래도 우리는 봄 하면 개나리를 연상한다. 쉽게 볼 수 있기 때문일 것이다. 도심에도 많다. 주변을 샛노랗게 물들인다. 그런데 개나리 열매를 본 적은 거의 없다. 열매를 잘 맺지 못하기 때문이다. 왜 그럴까?

나무는 암나무와 수나무가 따로 있거나, 암꽃과 수꽃이 따로 있거나, 암술과 수술이 따로 있어 꽃가루받이한다. 개나리는 이중 어디에도 속하지 않는다. 암술이 길고 수술이 짧은 꽃(장주화)을 피우는 개체가 있고, 수술이 길고 암술이 짧은 꽃(단주화)을 피우는 개체가 있는데, 둘 다 열매를 맺는다.

장주화
암술이 수술보다 길다.

단주화
수술이 암술보다 길다.

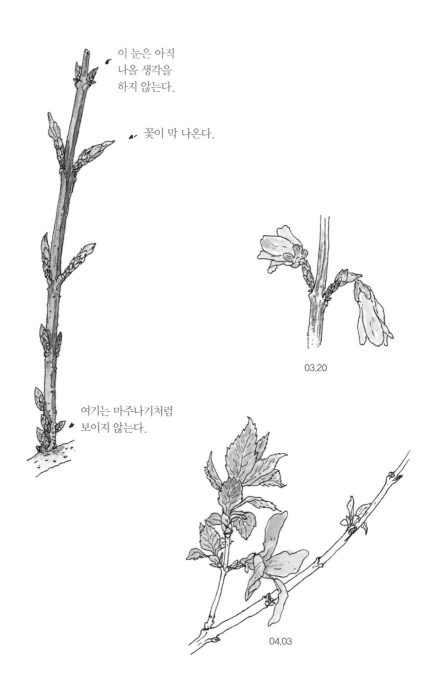

이 눈은 아직
나올 생각을
하지 않는다.

꽃이 막 나온다.

03.20

여기는 마주나기처럼
보이지 않는다.

04.03

그런데 우리 주변을 아무리 둘러봐도 개나리 열매를 찾기 어렵다. 왜 일까? 개나리는 줄기를 꺾어서 땅에 꽂으면 뿌리가 나온다. 그렇게 꺾꽂 이로 번식되다 보니 DNA가 같은 개체가 많아져서 꽃가루받이가 잘 안 되기 때문이다.

개나리는 미선나무와 함께 우리나라 특산종이다. 흔하니 중요한 줄 모 른다. 자주, 쉽게 볼 수 있어 더 소중한 개나리다. 우리 가족처럼.

열매를 반으로 쪼개면
깨알 같은 씨앗이 나온다.

개나리 열매
06.27

미친 개나리?

가을에 꽃을 피우는 개나리를 미친 개나리라고 한다. 철쭉도 이따금 가을에 꽃을 피운다. 개나리, 철쭉이 정말 미쳐서 그럴까?

추운 겨울을 이겨낸 개나리는 온도와 일조시간 등 조건이 맞으면 꽃을 피운다. 1년에 한 번 더 같은 조건을 경험하는데, 바로 가을(11월쯤)이다. 이때 꽃을 피우는 개나리가 더러 있다. 그런데 겨울을 겪지 않았다. '아차! 실수다.' 개나리 겨울눈이 착각한 것이다. 미쳤다고 하지 말고 착각했다고, 실수라고 하자.

세상에 실수하지 않는 게 있나? 자연도 실수하는데 누가 실수하지 않을까? 유전자의 실수로 돌연변이가 나타나고. 그 돌연변이가 생존 조건에 더 잘 맞으면 적자가 된다. 자연은 돌연변이와 적자생존을 반복하면서 진화해왔고, 지금도 끊임없이 진화한다. 자연은 변하는 환경에 '실수'로 대처하는 것이다. 그러니 아이의 실수, 청소년의 실수, 부모님의 실수, 무엇보다 자신의 실수에 좀 관대해질 필요가 있다.

라일락

　공원 벤치 옆에 라일락이 있다. 〈베사메 무초〉라는 노래에 나오는 리라꽃이 라일락(서양수수꽃다리)이다. 라일락을 우리 이름으로 수수꽃다리라 부른다고 아는 사람이 많은데, 둘은 엄연히 다르다. 라일락은 도입종이고, 꽃이 수수처럼 다발로 달린다고 해서 정감 어린 이름이 붙은 수수꽃다리는 우리나라 자생종이다. 이 둘을 구별하기는 쉽지 않다. 다른 점은 수수꽃다리 잎이 라일락에 비해 좀 더 크고, 작은 나팔꽃같이 생긴 꽃에 통처럼 생긴 부분이 수수꽃다리가 라일락에 비해 가늘고 길다는 정도다. 둘이 함께 있어야 비교하기 좋은데, 그런 경우가 흔치 않아 구별하기 더 어렵다.

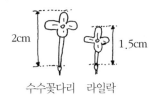

수수꽃다리　라일락

수수꽃다리가 라일락보다
꽃 대롱이 길고 잎도 크고 넓적하다.
자생종보다 도입종이 대부분 큰데,
수수꽃다리는 자생종이 크다.
향도 더 진하다.

수수꽃다리　　　　　　라일락

여긴 왜 안 나올까?

제법 일찍 싹이 나온다.
03.27

새싹이 십(+)자
모양으로
겹쳐 있다.

안에서 꽃들이 몽글몽글
나오려고 한다.

03.30

눈껍질(아린)에서
새싹이 나온다.

꽃 한 송이.
곧 길어질 것이다.

꽃이 금방 피어날 것이다.
04.07

자주 하는 놀이가 있다. 라일락 잎을 하나 따서 친구를 부른다.

"라일락 잎으로 사랑 점을 칠 수 있대. 네가 지금 좋아하는 사람을 생각해. 그 사람과 어떤 사랑을 할지 알려줄 거야. 먼저 잎을 다섯 번 접어 (접는 숫자는 달라도 된다). 방향은 상관없어."

친구가 라일락 잎을 다섯 번 접는다.

"이제 그 사람을 생각하며 다섯 번 깨물어. 깨문 자국의 모양으로 점을 치는 거야. 작게 나오면 읽기 어려우니까 세게 물어야 해."

깨물고 잎을 펼치면 기하학적인 문양이 나온다. 라일락 잎을 깨문 친구는 점괘를 묻기도 전에 "으악!" 비명을 지르고 퉤퉤거리며 괴로워한다. 라일락 잎은 아주 쓰다. 애벌레들이 먹지 못하게 쓴맛을 만들어낸 것이다. 잎을 자세히 보면 다른 나뭇잎에 비해 벌레가 먹은 흔적이 적다. 이렇게 쓴맛을 내는 식물도 많다. 소태나무, 쓴풀, 씀바귀, 고들빼기, 민들레 등이다.

식물은 움직이지 못한다. 이 점을 먼저 생각하는 게 식물을 이해하는 데 도움이 된다. 움직이지 못하는 식물은 저마다 자기를 갉아 먹으려는 동물을 막는 방법이 있다. 뾰족한 가시, 빼곡한 털, 독, 강한 냄새, 끈적이는 액체 등 다양한 방법으로 적을 막고 자기를 보호한다. 그 방법을 알아보는 것도 재미있다.

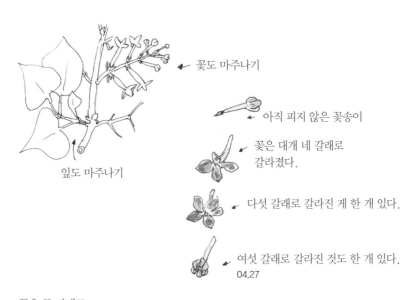

꽃도 마주나기

잎도 마주나기

아직 피지 않은 꽃송이

꽃은 대개 네 갈래로
갈라졌다.

다섯 갈래로 갈라진 게 한 개 있다.

여섯 갈래로 갈라진 것도 한 개 있다.
04.27

꽃을 두 갈래로
나누었다.

이 틈에
꿀이 있다.

꽃을 빼니
암술이 보인다.

암술

갈라진 꽃 속에
노란 수술이
붙었다.

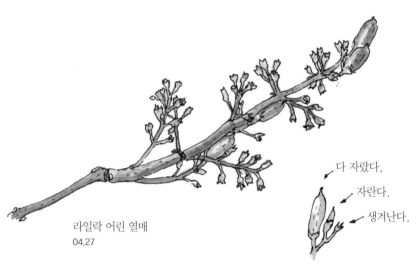

다 자랐다.

자란다.

생겨난다.

라일락 어린 열매
04.27

같은 가지에서 열매 생장이 다른 까닭은
뭘까? 꽃가루받이한 순서일까?

애벌레 되어보기

애벌레가 되어 나뭇잎이나 풀잎을 깨물어보자. 먹어도 되는 나뭇잎이나 풀잎을 몇 가지 알아
두면 숲에서 즐겁게 놀 수 있다. 나뭇잎보다 풀잎을 주로 먹는다. 괭이밥, 애기수영, 냉이, 민
들레 종류는 잎을 먹어도 된다. 특히 괭이밥이나 수영은 새큼해 먹을 만하다. 잎을 깨물어서
자국을 내는 놀이에 라일락은 너무 쓰고, 칡이 좋다. 칡 잎을 따서 여러 번 접은 다음 이로 깨
물어 표시하고 펼치면 아름다운 무늬가 나온다. 칡 잎을 맛보고 멋진 미술 놀이도 할 수 있다.
그때 맛본 칡 잎의 맛은 평생 기억한다.

칡 잎을 한 장 딴다.

부드러워서 잘 접히므로
여러 번 접는다.

접어서 이로 깨물고 다시 펼치면
다양한 문양이 나온다.

스트로브잣나무

바닥에 길쭉한 솔방울이 떨어졌다. 송진같이 허연 것도 조금씩 묻었다. 고개를 들어 위를 보자. 무게가 있는 것은 멀리 가지 못하니, 바로 위를 보면 그것을 떨어뜨린 나무가 있다. 작은 씨앗은 주위를 두리번거리면 가까운 곳에 그것을 떨어뜨린 나무가 있다.

지금 본 길쭉한 솔방울은 잣나무의 솔방울이다. 우리 토종 잣나무가 아니라 스트로브잣나무라는 도입종이다. 스트로브잣나무는 토종 잣나무보다 빨리 자라고, 옮겨 심어도 뿌리를 잘 내린다. 건조한 데서도 잘 자라고, 공해에 강해서 도심 공원이나 아파트 단지에 많이 심는다. 나무 껍질이 매끈하고, 한 살 먹을 때마다 뚜렷하게 층을 이루며 자라서 줄기 층만 세도 나무의 나이를 알 수 있다.

스트로브잣나무의 줄기를 보면 층마다 높이가 제각각이다. 어느 해는 많이 자라고, 어느 해는 적게 자랐다. 줄기 간격에 따라 가지 간격도 다르다. 기후가 달랐다는 것을 알 수 있다. 나무를 잘라보면 나이테 간격도 마찬가지다.

스트로브잣나무 같은 바늘잎나무는 삼각형으로 자란다. 정아우세頂芽優勢 때문이다. '정아우성'이라고도 하는데, 정아는 겨울눈 중에서 끝눈을 말한다. 끝눈이 옆에 있는 다른 눈보다 많이 자라는 현상이다. 이런 현상이 반복되면 나무 모양(수형樹形)이 삼각형처럼 된다. 정아우세는 바늘잎나무에서 잘 나타나고, 넓은잎나무(활엽수)에서는 드물다.

나보다 많은지, 적은지 나무 나이를 세도 재밌다. 나보다 나이가 많으

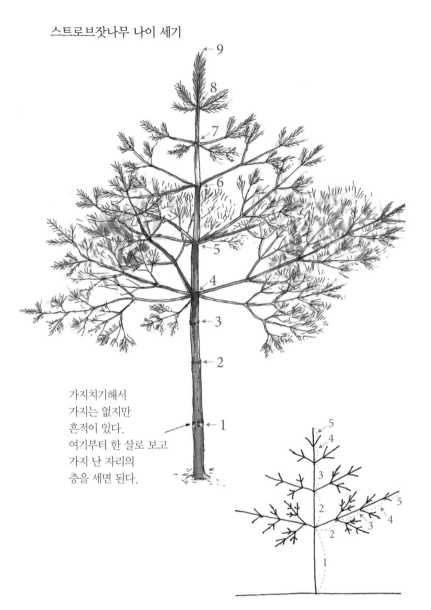

스트로브잣나무 나이 세기

가지치기해서
가지는 없지만
흔적이 있다.
여기부터 한 살로 보고
가지 난 자리의
층을 세면 된다.

다섯 살이 된 나무가 있다면
굳이 위까지 세지 않고 가지를 세도 다섯 살이다.

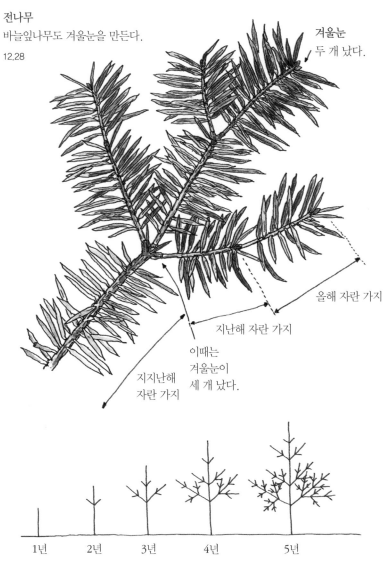

전나무
바늘잎나무도 겨울눈을 만든다.
12.28

겨울눈
두 개 났다.

올해 자란 가지

지난해 자란 가지

이때는
겨울눈이
세 개 났다.

지지난해
자란 가지

1년 2년 3년 4년 5년

스트로브잣나무나 잣나무, 전나무, 잎갈나무 등 바늘잎나무는 나무 모양이 원추형
이다. 겨울눈 가운데 맨 위에 있는 끝눈에서 나온 가지가 다른 눈에서 나온 가지보다
많이 자라기 때문이다. 눈이 쌓이는 것을 막고, 햇빛을 골고루 받기 위해 나무 모양
이 원추형이라는데, 맞는지 모르겠다.

면 형 나무나 오빠 나무, 아저씨 나무로 불러도 좋다. 내 나이도 어느새 많아져서 공원의 웬만한 나무는 동생이다.

스트로브잣나무 열매
솔방울 종류는 모두 꽃 같다.
생각해보니 암꽃이니까
꽃처럼 생길 수도 있겠다.
겉씨식물은 씨앗이 씨방에
싸이지 않고 겉으로 나와서
암꽃 모양과 씨앗 모양이 비슷한 게 많다.
05.27

올해 새로 나온 암꽃

지난해 나온 암꽃이 꽃가루받이하여
열매가 됐다. 올여름이 지나면
더 커지고, 가을이면 여물 것이다.

송진이 많다.

스트로브잣나무 덜 익은 열매
07.15

지난해 만들어진 어린 열매가
땅에 떨어져 건조되면서
갈변한 모습이다.

바늘잎나무 종류

바늘잎나무는 넓은잎나무에 비해 종류가 많지 않다. 주변에서 볼 수 있는 바늘잎나무 몇 종을
알아둬도 좋다. 바늘잎나무는 잎 생김새에 따라 크게 네 종류로 나눈다.

넓은잎	은행나무	긴바늘잎	잣나무, 소나무
짧은바늘잎	주목, 노간주나무	비늘잎	편백, 측백나무, 화백

향나무는 특이하게 새 가지에서는 짧은바늘잎이 나오고, 묵은 가지에서는 비늘잎이 나온다.

단풍나무

단풍이 드는 나무 중에 가장 멋져서인지 이름이 단풍나무다. 가을이면 손을 닮은 잎이 숲을 울긋불긋 아름답게 수놓는다. 단풍나무 종류의 열매는 모두 'ㅅ 자형' 날개가 있다. 이렇게 날개 달린 열매를 시과翅果라고 한다.

단풍나뭇과에는 여러 종류가 있다. 우리나라에는 20종쯤 있다. 캐나다에서 유명한 메이플 시럽도 단풍나뭇과인 설탕단풍 수액으로 만들고, 우리나라의 고로쇠 수액도 단풍나뭇과인 고로쇠나무에서 얻는다.

단풍나무는 나무껍질이 얇아 상처가 나기 쉽고, 수액이 쉽게 흘러나온다. 고로쇠 수액을 맛본 이유도 그 때문일 것이다. 나무껍질이 얇은 나무는 햇빛에 약해서 가끔 화상을 당한다. 찬 바람이 세게 불어도 껍질이 터진다. 특히 이른 봄 꽃샘추위에 껍질이 잘 터지는데, 그때 난 상처에서 수액이 흐른다. 딱따구리는 일부러 나무를 쪼아 수액을 먹기도 한다.

주변에서 흔히 볼 수 있는 단풍나무

신나무 잎과 열매

단풍나무 잎과 열매

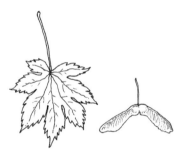

당단풍나무 잎과 열매

고로쇠나무 잎과 열매

중국단풍 잎과 열매

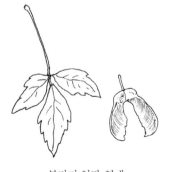

복자기 잎과 열매

‘ㅅ 자형’ 열매가 바람을 타고 날아간다는 사실은 대부분 안다. 하지만 날아가는 방식에 대해서 잘못 아는 사람이 많다. 두 개씩 붙은 열매가 프로펠러처럼 회전하며 함께 난다고 아는데, 실제로 보면 그렇게 날아가는 단풍나무 열매는 없다.

늦가을에 건조해지면 붙은 부분이 약해지며 둘로 쪼개지고, 한 개씩 떨어져서 회전한다. 그 모습을 보고 프로펠러를 만들었다는데, 근거 있는 말인지 알 수 없다. 어쨌든 한 개씩 떨어져서 난다.

나는 것은 중력을 거스르는 일이다. 중력을 거스르기 위해서는 공기저항이 커야 한다. 단풍나무와 소나무, 물푸레나무 씨앗처럼 날개를 만들거나 버즘나무와 버드나무, 민들레 씨앗처럼 갓털을 만들어 공중에 최대한 오래 머문다. 숲에 부는 바람은 이런 씨앗을 멀리 보내주므로, 이들에겐 1년을 기다린 비행기 티켓이나 다름없다.

단풍나무는 마주나기의 대표다. 마주나고 어긋나기는 겨울눈을 따른다. 겨울눈이 마주나면 가지와 잎도 마주난다. 마주나는 나무는 햇빛을 골고루 받기 어려워서 어긋나기를 흉내 내어 방향을 돌려가며 마주난다.

어떤 이는 “단풍나무도 꽃이 피어요?” 하고 묻는다. 자세히 보면 작은 꽃송이가 눈에 띈다. 크고 화려하지 않을 뿐이다. 그동안 사느라 바빴겠지만, 올봄에는 시간 내서 단풍나무 꽃을 찾아보자.

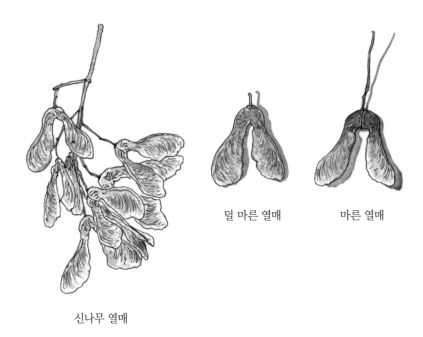

덜 마른 열매

마른 열매

신나무 열매

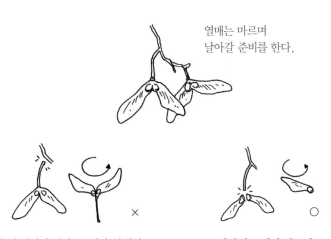

열매는 마르며
날아갈 준비를 한다.

흔히 뒤집혀 씨앗 두 개가 붙어서
날아간다고 생각한다. 그렇지 않다.

×

하나씩 쪼개져 따로따로
바람을 타고 날아간다.

○

고로쇠 수액

이른 봄에 채취하는 수액이 뼈에 좋다고 골리수骨利樹라 부르다가 고로쇠나무가 되었다고 한다. 여기에는 얽힌 설화가 있다. 도선국사가 참선하다가 일어나려는데 무릎이 펴지지 않았다. 옆에 있는 나뭇가지를 잡고 일어나려다가 그 가지가 부러졌다. 이때 부러진 가지에서 물이 나와 그 물을 마시니 무릎이 펴졌다는 이야기다.

삼국시대에 전쟁 중에 화살 맞은 나무에서 수액이 흘러나왔다. 그 물을 뼈가 부러진 병사에게 마시게 하니 뼈가 잘 붙었고, 마침내 전쟁에 이겼다는 이야기도 있다. 둘 다 고로쇠 수액이 뼈에 좋다는 내용이다.

고로쇠나무는 껍질이 얇아 상처 나기 쉽다. 그 상처에서 흐르는 수액을 누가 맛보았는데, 달착지근해 마실 만했을 것이다. 칼슘, 칼륨, 나트륨, 마그네슘 등 미네랄이 풍부해서 몸에 좋다고하지만, 건강보다 단맛에 끌리지 않았을까 싶다.

아메리카 대륙에는 원래 꿀벌이 살지 않았다고 한다. 영국인이 아메리카 대륙으로 이주할 때사과나무와 꽃가루받이용 꿀벌을 가져가기까지 원주민은 인류가 만난 최고의 단맛인 꿀맛을몰랐다고 한다. 대신 그들에게는 단풍나무에서 채취한 메이플 시럽이 있었다.

어릴 적 '당원'을 물에 풀어서 벌컥벌컥 마셨다. 당원은 사카린의 제품 이름이고, 사카린은사탕수수를 뜻하는 사카룸saccharum에서 온 말이다. 설탕단풍sugar maple의 학명은 *Acer saccharum*이다. 캐나다는 설탕단풍 잎을 국기에 넣을 만큼 메이플 시럽으로 유명한 나라다. 설탕단풍 수액에는 설탕 성분이 2% 정도 들었다. 우리나라에서 고로쇠 수액을 채취하는 것과같은 방식으로 채취한 수액을 조려 시럽을 만든다. 메이플 시럽 1ℓ를 얻기 위해서는 수액 40ℓ를 조려야 한다.

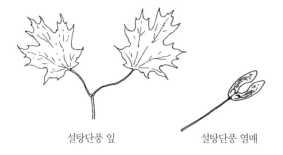

설탕단풍 잎   설탕단풍 열매

캐나다 국기

느티나무

느티나무는 사람이 사는 곳이면 어디나 있다. 딱히 먹을 만한 열매나 보기 좋은 꽃이 없지만, 예부터 우리 조상이 많이 심고 가꾸고 사랑한 나무다. 시골 마을 어귀에서 당산나무로 있기도 한 느티나무는 모양이 멋지고 넉넉해서 사람을 품어줄 듯하다.

느티나무 잎은 짝짝이 궁둥이처럼 대칭이 아니다. 원인은 모른다. 아마도 광합성을 좀 더 효율적으로 하기 위해서가 아닐지….

느티나무는 번식 전략이 독특하다. 열매에는 날개나 먹을 만한 과육도 없다. 메밀같이 생긴 작은 씨앗이 맛없어 보인다. 작은 씨앗을 어떻게 멀리 보낼까? 씨앗에는 날개가 없지만, 잎을 이용해 바람을 타고 날아간다.

늦가을 바람이 부는 날
느티나무 아래 가면
이렇게 떨어져서 빙글빙글 돌며
날아가는 것을 많이 볼 수 있다.

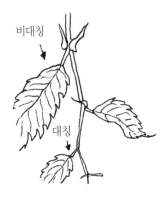

비대칭

대칭

느티나무는 모양이 다른 잎이 달린다.
새로 난 잎을 들여다보니 아래쪽(끝)으로
갈수록 대칭이다. 느릅나뭇과 나무가
비대칭 잎이 특징인데, 느티나무는 꽃이 핀
가지나 피지 않은 가지나 끝으로 갈수록
점점 대칭 잎에 가깝다.
그렇게 자주 보고 그렸어도 이제 새롭게 알았다.
제대로 아는 게 있을까?

대칭 잎   비대칭 잎

잎이 왜 비대칭일까?
느티나무 잎은 대부분 비대칭이다.
다른 나무도 살펴보면 약간씩 비대칭이다.
느릅나뭇과에 속한 나무에 비대칭 잎이
조금 더 많을 뿐이다.
잎은 무조건 크거나 많기보다 효율적인 게 좋다.
잎이 가지에 붙었을 때 공간이 생기는데,
그 공간이 적을수록 광합성 효율이 좋다.
비대칭 잎으로 한쪽은 가늘게,
다른 쪽은 볼록하게 만들어
낭비되는 공간을 줄였다.
어쩌면 이 때문에 비대칭인 건 아닐까?

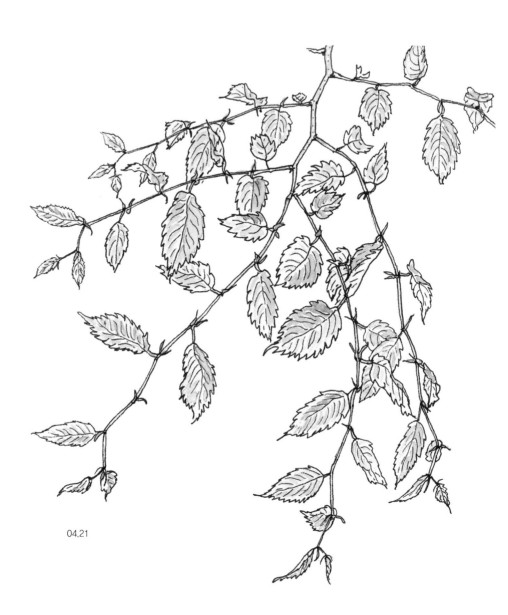

04.21

느티나무 잎은 크게 세 종류로 나뉜다. 짝짝이 궁둥이 모양으로 생긴 큰 잎, 가지 끝으로 갈수록 대칭이 되는 중간 잎, 씨앗이 있는 가지에 달린 작은 잎. 이 작은 잎이 프로펠러 역할을 해서 멀리 날아가게 한다.

'이가 없으면 잇몸으로'라는 말이 있듯이, 느티나무는 필요한 것을 굳이 새로 만들지 않고 자기가 가진 것으로 문제를 해결한다. 어쩌면 우리의 문제도 우리 안에 답이 있을지 모른다.

고려 시대에는 궁궐 기둥에 느티나무를 많이 사용했다고 한다. 마을 어귀에 있는 느티나무는 기둥감으로 적당해 보이지 않는데 어찌된 일일까? 같은 나무라도 사는 환경에 따라 모습이 다르다. 나무끼리 간격이 넓으면 굳이 높이 자라지 않고 가지를 옆으로 뻗어 햇빛을 충분히 받을 수 있지만, 간격이 좁으면 위로 쑥쑥 자라 줄기가 곧다. 건축에는 줄기가 곧은 느티나무를 사용한다. 숲 속에 자라는 나무는 들판에 있는 나무보다 수명이 짧다고 한다. 주변의 다른 나무들과 경쟁하느라 스트레스 받고, 햇빛을 보기 위해 웃자란 영향이 있을 것이다.

겨울눈

열매

열매

3장

도심에 숨통을
터주는 가로수

가로수의 조건

시가지에는 도시의 미관이나 시민의 보건을 위해 가로수를 심는다. 가로수는 몇 가지 조건을 갖춰야 한다.

첫째, 생명력이 강해야 한다. 시가지는 공해가 심하기 때문에 대기오염에 민감한 나무는 살아남지 못한다.

둘째, 잎이 커야 한다. 나뭇잎에는 미세한 털이 있는데, 그 털이 먼지를 잡는다. 잎이 큰 나무가 먼지를 많이 잡고, 떨어져도 곧바로 쓸어 담을 수 있어 가로수로 적당하다. 이 때문에 버즘나무 가로수가 자주 눈에 띈다.

셋째, 나무 모양이 아름다워야 한다. 주관적인 요건이라 조금 애매하지만, 나무 모양이 아름다워 지나다니는 시민을 편하고 즐겁게 해야 한다.

넷째, 알레르기를 일으키지 않아야 한다. 최근에 고려되는 조건이다. 꽃가루나 열매 부스러기가 날리면 알레르기성비염으로 괴로워하는 사람이 많아, 최근에는 알레르기를 일으키는 버즘나무 대신 백합나무(튤립나무)를 심는다. 알레르기는 면역력이 떨어져서 생기는데, 나무부터 자르는 현실이 안타깝다.

이런 조건을 만족시키는 나무가 흔히 보는 가로수다. 버즘나무와 은행나무, 느티나무, 벚나무, 이팝나무 등이 자주 보이고, 백합나무와 메타세쿼이아, 회화나무, 대왕참나무, 소나무는 가끔 보인다. 남쪽 지방에는 개잎갈나무(히말라야삼나무)나 배롱나무가 제법 눈에 띄는데, 지역 특성에 따라 달리 심어도 좋다.

버즘나무

동서양의 이름이 다르다. 우리나라에서는 나무껍질이 버짐 핀 것 같다고 버즘나무라 한다. 영어 이름은 플라타너스다. '넓다'는 뜻이 있는 pla가 어원으로, 넓은 잎을 보고 지은 이름이다. 일본에서는 스즈카케노키 鈴懸の木라 한다. '방울을 단 나무'라는 뜻이니 열매를 보고 지은 이름이다. 나라마다 나무 이름을 지을 때 주로 보는 부분이 다르다.

버즘나무 잎

다른 각도에서
보니 턱잎(탁엽)이
아주 많다.

암꽃 표면에 빨간색 암술머리가
인상적이다.

눈껍질이
벗겨진다.

새순이 돋아난다.
04.24

자세히 보면 씨앗이
이렇게 붙었다.

버즘나무 열매

이게 씨앗이다.

비에 젖었다 마르기를 반복하다가
잘 마르면 드디어 부풀어 오른다.

갓털 달린 씨앗이
모두 날아가면 가운데
단단한 구슬 같은 것이 남는다.

버즘나무 줄기는 멀리서 보면 얼룩덜룩하다. 가까이 가서 보면 껍질이 군데군데 벗겨진 걸 알 수 있다. 벗겨진 무늬를 가만히 들여다보면 여러 가지 도형이 눈에 띈다. 그중에는 새도 있고 토끼도 있다. 어릴 적 벽지 문양이나 얼룩진 무늬를 연상하던 놀이와 같다. 껍질이 벗겨진 무늬를 여러 가지로 해석하는 놀이가 연상하는 능력을 높이는 데 좋다.

버즘나무 잎도 미술 놀이 소재가 된다. 특히 가을이 되어 물들기 시작할 무렵 떨어진 잎은 가죽 같은 느낌이 들고, 잘 찢어지지 않는다. 접거나 잘라서 왕관, 가방, 꽃다발 등 멋진 작품을 만들어보자. 이것이 곧 자연 미술 놀이다.

버즘나무 껍질 무늬

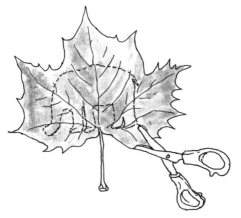

잎이 두껍고 질기면서도
부드러워 공예 하기 좋다.
색종이처럼 오리기 놀이에도 적합하다.

점선 부분을 뒤로 접는다.

여러 장을 막대기로 끼워서 깁듯이 엮는다.
가로나 세로로 엮어도 상관없다.

적당한 길이로 만들어서
머리에 쓰면 왕관이 된다.

은행나무

은행나무는 1과 1속 1종인 나무로, 생김새는 넓은잎나무 같지만 겉씨식물(나자식물裸子植物)이라서 바늘잎나무로 분류한다. 겉씨식물은 씨앗을 맺는 씨방이 없어 밑씨가 겉으로 드러나는 식물을 말하고, 속씨식물(피자식물被子植物)은 씨방이 있어 밑씨가 씨방 안에 있는 식물을 말한다. 바늘잎나무는 거의 겉씨식물이고, 은행나무도 겉씨식물이니 바늘잎나무로 분류한다. 나무의 전체적인 모양도 바늘잎나무처럼 삼각형이다.

최근에는 은행나무가 겉씨식물이지만 바늘잎나무로 분류하는 것은 문제가 있다는 주장이 있다. 잎이 넓으니 넓은잎나무로 보자고도 하고, 아예 은행나무를 따로 떼어서 분류하자는 의견도 있다.

절이나 향교에는 오래된 은행나무가 많다. 특히 조선 시대에 유교 이념을 가르친 국립 교육기관인 향교에는 반드시 은행나무가 있다. 이는 공자가 제자를 양성하며 함께 토론한 곳을 행단杏壇이라고 한 데서 비롯되었다. 행杏이 살구 행 자지만 은행나무를 줄여서 그냥 행으로 썼다고 본 것이다.

살구나무보다 은행나무 아래서 제자를 가르쳤다는 것이 그럴듯하긴 해도 이 생각이 틀렸음을 최근 정보를 통해 알 수 있다. 은행나무는 압각수鴨脚樹라 하다가 서기 1000년쯤부터 은행나무라고 불렸다. 공자가 살던 2500여 년 전에는 은행나무라는 말이 없었다. 또 공자 고향인 곡부의 사당祠堂 앞 행단은 공자가 살던 때 만든 것이 아니라 송宋나라 때 단을 쌓고 살구나무를 심은 데서 비롯되었다. 금金나라 학사 당회영이 행단이

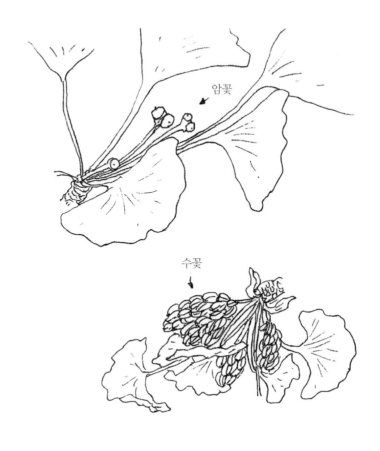

암꽃

수꽃

은행나무는 2억 년 전에 이 세상에 나왔다고 하니 정말 오래된
식물이다. 그때 죽은 나무가 지금의 석탄이 되고도 남는 시간이다.
은행나무 꽃은 특이하다. 암꽃은 망치 모양으로 생겨서 씨방이
겉에 있다. 꽃가루받이 되면 그대로 자라서 은행이 된다.
수꽃은 바나나처럼 생긴 꽃가루주머니를 주렁주렁 매단다.
꽃가루받이 확률을 높이기 위해 수꽃이 암꽃보다 먼저 핀다.
수꽃 꽃가루는 다른 꽃가루와 달리 정자처럼 꼬리가 있어,
암술머리에 앉으면 꼬리로 헤엄치며 난자까지 이동한다고 한다.
이 사실을 일본 학자가 알아냈다는데….
여러 가지로 신기한 나무다.

라 쓴 비석을 세운 뒤 행단으로 불렸다고 한다. 당시 심은 살구나무가 죽고 없어지자 후손들이 헷갈린 것이다.

선조들은 행단의 행이 살구나무를 가리킨다는 사실을 몰랐을까? 그럴 수도 있지만, 살구나무보다 은행나무가 크게 자라고 오래 살기 때문에 공자의 덕을 오래 기리려는 의도로 심었을 것이다. 몰랐다고 해도 은행나무가 우리 주변에 많은 것은 그 때문이니 어쩌면 더 잘된 일이라 할 수 있다.

시중에서 파는
깨끗한 은행

자연스럽게
껍질이 벗겨졌다.

지난해 열매,
건포도같이
말랐다.

꽃가루받이 되지 않은 암꽃

땅에 떨어진 은행

꽃가루받이가 된 열매

꽃가루받이
되지 않은
암꽃

은행나무 잎은 세 가지다. 새 가지(장지)에서 난 잎은 가운데가 살짝 갈라졌고,
짧은 가지(단지)에서 난 잎은 갈라지지 않고 매끈하다.
맹아지에 난 잎은 많이 갈라졌다.

← 단지에서 난 잎

← 장지에서 난 잎

← 맹아지에 난 잎

이 부분이 갈라진다.

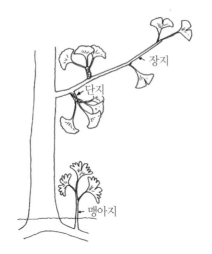

장지

단지

맹아지

은행나무 맹아지

예전에 은행나무 화석을
본 적이 있다. 잎이 갈라졌다.
혹시 맹아지 화석이 아닐까?
아니면 맹아지가 옛날의 모습을
아직 간직한 걸까?
06.04

은행나무는 반드시 사람이 심어야 한다?

은행나무는 스스로 번식하지 못한다고 말하는 사람이 있다. 이 또한 사실이 아니다. 사람이 가꿔온 세월이 길어서 그런 오해를 하나 보다. 은행나무 주변을 살펴보면 여기저기 어린 은행나무가 눈에 띈다. 더 멀리 가서 확실히 번식하기 위해 바람이나 동물의 도움을 받을 뿐, 은행나무도 스스로 번식한다.

모든 식물은 스스로 번식하는 능력이 있다. 식물은 단순히 엄마 나무 밑에 떨어져서 생명을 이어가는 게 아니고 멀리 이동해야 한다. 그 씨앗을 멀리 운반해주는 동물이 필요한데, 은행에 독이 있어 먹는 동물이 없다 보니 스스로 번식하지 못한다는 말이 나온 것 같다. 식탐 있는 너구리가 먹고 싸놓은 은행 똥을 가끔 볼 수 있다. 그렇다고 너구리가 씨앗을 멀리 보내는 주된 역할을 한다고 보기는 어렵다.

은행나무는 2억 년 전부터 살아온 생명체. 그 시간 동안 어떻게 번식했을까? 수수께끼처럼 남았지만, 지금은 사라진 어떤 동물이 은행을 좋아했고 그 동물이 번식을 도왔으리라고 많은 사람들이 추측한다. 2억 년 전에 은행나무와 함께 살았으리라 여겨지는 동물은? 바로 공룡이다. 공룡 중에 은행을 좋아하는 녀석이 있었다고 본다. 공룡과 함께한 나무, 대단하다는 생각이 든다.

어린 은행나무

은행나무가 성전환을 한다?

은행나무를 나무 모양에 따라 암나무와 수나무로 구분할 수 있다는 말은 틀리다. 나무 모양은 같은데, 사람들이 열매를 따기 쉽게 가지치기하다 보니 암나무가 수나무에 비해 옆으로 퍼진 경우가 있다.

은행나무가 성전환을 한다고 말하는 사람도 있다. 분명히 수나무였는데 언젠가부터 열매가 열린다는 것이다. 이 또한 틀린 말이다. 나무에는 어느 정도 자라야 열매를 맺는 유형기幼形期가 있다. 사람으로 치면 유소년기다. 나무마다 유형기가 조금씩 달라 소나무는 약 5년, 전나무는 20~25년, 참나무 종류는 15~20년이다. 유형기가 가장 긴 나무는 유럽에 있는 너도밤나무인데, 보통 30~40년이라고 한다. 은행나무도 15~20년으로 꽤 긴 편이다. 은행나무가 15년 동안 소식이 없다가 열매를 맺으니 성전환을 했다고 생각하는 모양이다. 유형기가 있는 까닭은 정확하지 않다. 상식적으로 생각해보면 어린 시절에는 생장하는 데 에너지를 집중하다가 어느 정도 자라고 나서 꽃과 열매를 만들려는 전략일 것이다.

은행나무는 반드시 암나무 주변에 수나무를 심어야 열매가 열린다고 하는데, 꼭 그렇지는 않다. 바람에 꽃가루가 날리기 때문에 거리가 멀어도 꽃가루받이가 가능하다.

백합나무

얼마 전까지 '튤립나무'라고 부르던 나무다. 꽃이나 열매가 튤립을 닮아서 그런 모양인데, 튤립이라는 풀 때문에 헷갈린다고 생각했는지 이름을 바꿨다. 하지만 백합이란 풀도 있지 않나? 왜 이름을 백합나무로 바꿨는지 의아하다.

중국에서는 '거위발나무'라고 한다. 그러고 보니 백합나무 잎이 영락없이 거위 발 모양이다. 참 잘 지은 이름이다. 식물의 이름은 직관적으로, 느껴지는 대로 지었으면 좋겠다.

백합나무는 곧게, 빨리 자라는 편이다. 규칙적인 그물 모양 회백색 껍질이 멋지다. 아까시나무만큼 꿀도 많다. 꿀이 나는 식물 중에 아까시나무만 한 게 없다고 한다. 다 자란 아까시나무 한 그루에서 꿀을 약 2킬로그램, 백합나무에서 1.8킬로그램 정도 얻을 수 있다고 한다.

일본이 우리를 골탕 먹이려고 우리나라 전역에 심었다며 아까시나무를 미워하는 사람들이 제법 많다. 터무니없는 이야기다. 오히려 아까시나무는 꿀을 많이 만들고 땅을 비옥하게 하여 숲을 가꾸는 역할을 한다. 잘못된 지식 때문에 아까시나무를 베고 백합나무를 심는다. 나무를 베는 것도, 심는 것도 결국 사람의 일이니 뭐라 할 말은 없다.

← 수술

꽃잎

바닥에서 주운 가지를 그리자니
수술과 꽃잎이 떨어져 내려온다.
그게 내 손에 닿는다.
그림을 그리면서 처음 있는 일이다.
신기하고 유쾌한 기분이다.
자기를 그려줘서 고맙다고
아는 체하는 듯하다.
06.09

튤립나무라고도 하는 백합나무.
꽃을 보니 정말 튤립을 많이 닮았다.
잎과 열매도 조금씩 튤립을 닮았지만,
꽃이 가장 많이 닮았다.

꽃잎 세 장이 꽃받침
역할을 한다.
꽃잎도 아니고
꽃받침도 아니고
어중간하다.

꽃받침잎 세 장

바깥쪽 꽃잎 세 장

꽃을 그리다 보니
목련과가 맞는 듯하다.
겹쳐진 꽃잎과 암술, 수술이
목련 꽃과 비슷하다.

안쪽 꽃잎 세 장

꽃잎 여섯 장에는 안팎으로
주황색 무늬가 있는 게 특징이다.
꽃 색깔이 잎과 구별이 덜 돼서
주황색 무늬가 있을까?

단단히 붙은
암술이 열매가
될 것이다.

수술을 떼어 세보니 서른여섯 개다. 노란 꽃가루가 많이 떨어진다.

대왕참나무

최근에 도심 공원에서 자주 눈에 띄고, 가로수로도 가끔 보이는 나무다. 나무 모양이 멋지고 잎 모양이 특이해서 많이 심는 듯하다. 도입종인 대왕참나무는 영어로 핀오크pin oak라고 한다. 새로 나는 가지가 짧고 뾰족해 핀 같아서 그렇게 부르나 보다.

다른 나무에 비해 크지 않고 도토리도 아주 작은데, 왜 대왕참나무라고 할까? 몇 가지 설이 있다. 처음 수입한 조경 업체 상호에 '대왕'이란 말이 들어가기 때문이라는 설, 미국에서 수입한 나무인데 같은 시기 수입한 대왕소나무를 따라 대왕참나무가 되었다는 설, 대왕소나무 학명에 palustris가 들어가는데 대왕참나무 학명이 *Quercus palustris*여서 대왕참나무라 했다는 설이다. 아무래도 세 번째 설이 가장 설득력 있어 보인다. 참고로 palustris라는 말은 대왕과 아무 관계가 없다. 습지에 잘 사는 식물에 붙는 이름이다.

대왕참나무는 루브라참나무red oak와 비슷하다. 구별하는 방법은 잎을 보는 것이다. 잎 가장자리가 깊이 파이면 대왕참나무, 얕게 파이면 루브라참나무다. 그래도 헷갈리면 대왕참나무는 '왕'을 연상하자. 이파리 모양이 언뜻 보면 임금 왕王 자와 비슷하다.

루브라참나무 잎과 도토리

대왕참나무 잎과 도토리

루브라참나무 잎

대왕참나무 잎

대왕참나무의 새 가지
마치 가시 같다.
이래서 핀오크라는 이름이
붙은 것 같다.

79

손기정과 대왕참나무

손기정 선수가 1936년 베를린 올림픽에서 마라톤 금메달을 땄을 때 시상식 장면을 보면, 머리에 월계관을 쓰고 손에 묘목을 들었다. 묘목은 금메달을 딴 선수에게 주었는데, 동메달을 딴 남승룡 선수는 묘목으로 일장기를 가린 손기정 선수가 그렇게 부러울 수 없었다고 한다.

당시 월계관은 개최국 특산종 나무로 만들었다. 독일은 독일참나무로 월계관을 만들고, 독일참나무 묘목을 기념으로 줬다고 한다. 손기정 선수가 양정고등학교 자리에 그 묘목을 심었는데 나무가 자라서 보니 월계수도, 독일참나무도 아니고 대왕참나무였다. 대왕참나무는 미국이 원산이다. 적국 나무를 기념으로 준 꼴이다.

왜 그런 일이 생겼을까? 어린나무는 생김새로 구별하기 어렵기 때문이다. 같은 과 식물은 어린나무일 때 비슷하다. 고등학교 과학 시간에 진화론을 배울 때 '발생학'이 있었다. 동물의 태아 모습이 초기로 갈수록 닮았다는 것인데, 식물도 어린나무일수록 다른 나무와 비슷하다. 떡잎은 거의 구별이 안 될 정도다. 많은 이들이 손기정 선수가 머리에 쓴 월계관도 대왕참나무로 만들었다고 아는데, 그것은 독일참나무다. 묘목만 대왕참나무다.

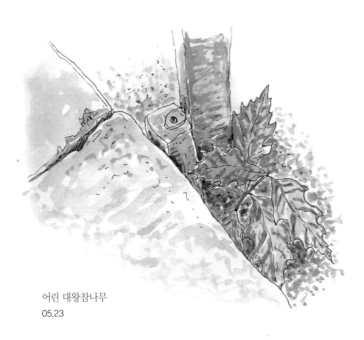

어린 대왕참나무
05.23

가로수 가지치기

봄에 길을 걷다 보면 가로수 가지치기하는 광경이 눈에 띈다. 새잎이 난 가지도 예외 없이 싹둑싹둑 잘라낸다. 왜 그렇게 잔인하리만큼 가로수 가지를 쳐낼까?

가지치기하는 이유를 들어보면 좀 그렇다. 첫째, 잎이 많이 달린 나무는 바람을 많이 타기 때문에 강한 바람이 불면 가지가 부러지거나 쓰러질 수 있다. 둘째, 나무가 자라면서 가로수 가까이 있는 전선을 건드리거나 들어 올려 정전을 일으킬 수 있다. 셋째, 상가 간판을 가린다.

강한 바람에 부러지거나 떨어지는 가지는 주로 썩은 가지다. 바람이 걱정이라면 그 가지를 제거하면 된다. 나무가 자란다고 전선을 들어 올리지도 않는다. 나무가 자라는 원리를 이해하지 못해서 그렇게 생각하는 것이다. 나무는 아랫부분이 아니라 위에서 새로 난 가지가 자란다. 결국 가로수 가지치기는 주변 상가의 민원 때문에 상가 간판이 잘 보이게 하는 것이 주된 이유인 듯하다.

나열한 이유 때문이라면 그나마 이해가 되지만, 봄이 되면 수종과 수령, 기간 등을 전혀 고려하지 않고 관행적으로 가로수 가지치기를 하는 것 같다. 집으로 가는 길에 느티나무 한 그루가 있는데, 해마다 두세 번씩 잘린다. 봄에 한 번 자르고, 5월에 잎이 났는데도 자른다. 주변 풍경을 가려서 그런 모양이다. 그럴 바엔 차라리 나무를 베어버리는 게 낫지 않을까? 잔인하고 무분별한 가지치기는 하지 않았으면 좋겠다.

가슴 아프지만 나무는 가지치기를 끈질긴 생명력으로 이겨낸다. 가을에 넓게 펼친 수관을 보면 대견하기 그지없다. 이렇게 잘라내도 새 가지를 내니 안타까움이나 죄책감이 들지 않나 보다. 이런 때는 강한 생명력이 마냥 좋지는 않다. 자연의 생명력을 과신하다가 그 대가를 치를 수도 있다.

　가지치기를 잘못해서 죽는 가로수도 있다. 특히 벚나무는 가지치기에 약하다. 가지치기한 부분이 거의 썩는데, 거기서 버섯이 자라기도 한다. 그런데도 통행에 불편을 준다거나 간판을 가린다거나 바람에 쓰러질 수 있다는 이유로 가지치기를 한다.

하도 많이 가지치기를 해서 가지 끝부분이 뭉툭해지고, 새 가지가 머리칼처럼 났다. 새 가지는 주로 나무 끝부분에 몰려서 난다. 어차피 잠자던 눈이 발현되니 아무 데서나 나와도 될 법한데, 가지 끝부분에 몰려서 나는 건 아마도 광합성을 위해서인 것 같다.

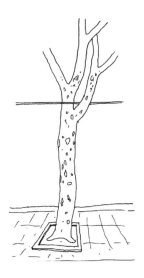

 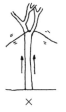 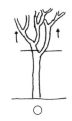

×　　　　　○

나무가 이렇게　나무는 새로운 가지가
자랄 거라고　나와서 자라기 때문에
생각하지만　전선을 끌어 올리지
그렇지 않다.　않는다.

 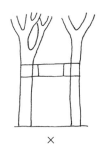

×

나무에 현수막을 묶어둔 채 몇 년이 지나도
현수막이 위로 올라가지 않는다.

×

나무에 난 상처도 위로 올라가지 않는다.

나무가 자라는 원리를 그림으로 표현하면 이와 같다.
색깔이 같은 부분이 같은 해에 자란 부분이다.
가지에서 새 가지가 나오고, 아래쪽 줄기는 한층 굵어지면서 나이를 먹는다.

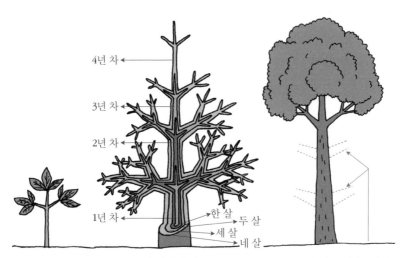

4년 차
3년 차
2년 차
1년 차

한 살
두 살
세 살
네 살

한 살짜리 나무   네 살짜리 나무   스스로 가지를 떨어뜨려서
반듯하게 자란 것처럼 보인다.

나무를 잘라서
나이테를 보면
아래에서 위로 갈수록
나이테가 하나씩
적어진다.

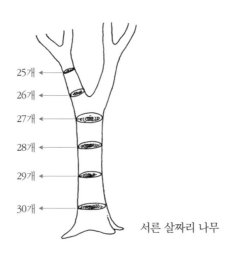

25개
26개
27개
28개
29개
30개

서른 살짜리 나무

까치집

　어느 봄날 거리를 걷는데, 잔가지가 바닥에 제법 떨어졌다. 뭐지? 하고
올려다보니 가로수 위에 까치집이 있다. 까치가 둥지를 틀다가 떨어뜨
린 잔가지다. 까치집 하나에 나뭇가지가 2000개쯤 있다고 한다. 나뭇가
지를 센 사람도 대단하지만, 그 많은 나뭇가지를 물어다 둥지를 튼 까치
가 더 대단하다.

까치집 무게는 4~16kg이라고 한다.
새 둥지치고는 꽤 무거운 편이다.

참죽나무와 까치집
내가 어릴 적부터 한 번도
까치집이 없던 적이 없다.
저 나무엔 늘 까치집이 있었다.
내 기억 속 까치집은 바로 이거다.
02.10

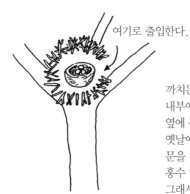

여기로 출입한다.

까치는 특이하게 돔 형태로 외부 둥지를 짓고
내부에 실질적인 둥지를 만든다.
옆에 구멍을 내서 출입한다.
옛날에 북한의 김일성이 시찰하던 중 까치가 옆에
문을 내는 걸 보고 큰비가 올 걸 예상해서
홍수 대비책을 지시했다는 이야기를 들었다.
그래서 홍수 피해가 없었다는 것이다.
원래 까치는 다 옆에 문을 낸다.

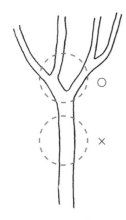

가지가 여러 갈래 뻗은 곳에
둥지를 짓는 게 훨씬 쉽다.
전봇대에 자주 둥지를
만드는 것도 이 때문이다.

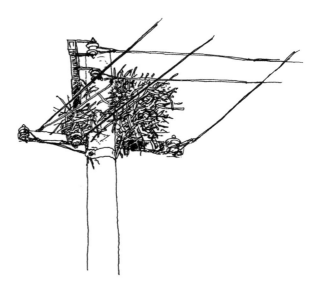

까치집은 다른 새 둥지에 비해 특이하다. 새 둥지는 보통 사발 모양으로 위가 뚫렸다. 까치집은 둥근 모양인데, 안에 사발 모양 둥지가 있고 바깥을 공처럼 감싸서 이중으로 만든다. 드나드는 구멍이 옆에 있어 천적이나 비바람을 막아 아기 새를 보호하는 고급 둥지다.

새들이 평소 둥지에서 잔다고 아는 사람들이 있다. 빈 둥지를 보고 새가 어디로 사라졌나 걱정하기도 한다. 하지만 둥지는 새가 알을 낳아 품고, 아기 새를 기르는 기간에 사용하는 요람이다. 아기 새가 다 자라서 둥지를 떠나면 사용하지 않는다.

아기 새가 둥지를 떠나는 것을 이소移巢라고 한다. 둥지(새집) 소巢 자가 재밌다. 나무 위의 둥지를 표현한 글자다. '악당의 소굴'이라고 할 때 둥지 소巢에 땅을 파서 만든 굴窟 자를 쓴다. 즉 새가 만든 둥지와 동물이 만든 굴이 소굴이다.

도심에서 그나마 까치라도 볼 수 있는 게 다행이다. 언젠가는 까치도 볼 수 없을지 모른다. 그런 날이 오지 않길 바랄 뿐이다.

까치가 울면 손님이 온다?

과학적 근거가 있는 말이다. 까치는 머리가 좋다. 특히 마을 안 나무 위에 둥지를 짓는 경우, 자기 둥지를 보호하기 위해 주변을 경계하고 살핀다. 마을 주민의 얼굴을 거의 기억한다고 한다. 그러다가 낯선 사람이 오면 경계음을 낸다. 옛사람들은 그 소리를 손님이 와서 반기는 것으로 여겼다.

여러 종류의 까치

까치   어치(산까치)   물까치

잠복소

겨울이면 가로수에 띠를 두른다. 나무가 얼어 죽지 않게 해놓았다고 보기에는 너무 작다. 이 띠가 곤충을 모으기 위해 나무에 두른 잠복소潛伏所다.

곤충은 짝짓기를 마치면 대부분 알을 낳고 죽는다. 그러나 짝짓기 하고 나서 2~3년 더 사는 곤충도 있고, 애벌레로 겨울을 나는 곤충도 있다. 이런 곤충은 겨울에 낙엽 속이나 나무껍질 틈에 들어가서 추위를 견딘다. 날이 추워질 때 나무에 잠복소를 둘러놓으면 땅에 있던 곤충이 위로 이동하다가, 가지에 있던 곤충이 아래로 이동하다가 잠복소로 들어간다.

짚으로 꽁꽁 감싼
배롱나무

그래서 어른 가슴 높이쯤 되는 곳에 잠복소를 두른다. 겨우내 곤충이 잠복소에 모여 있으니, 그것만 떼어서 태우면 나무를 해치는 곤충을 쉽게 박멸할 수 있다는 것이다.

사실은 그렇지 않다. 잠복소를 뜯어서 그 안에 있는 곤충을 조사해보니 농작물이나 과수에 해를 끼치는 곤충보다 그런 곤충을 잡아먹는 거미가 많았다고 한다.

겨울이면 짚으로 온통 감싼 나무도 볼 수 있다. 추위에 나무가 얼까 봐 감싸준 것이다. 하지만 나무는 겨울에 활동을 멈추기 때문에 얼 일이 없고, 오히려 꽃샘추위에 얼어 피해를 당한다. 겨우내 활동을 멈췄다가 봄이 되면 새싹을 틔우려고 물을 빨아올리는데, 그때 갑자기 추워지면 나무가 얼어서 터진다.

나무는 겨울에 쉬지만, 이듬해를 위해 겨울눈과 가지, 뿌리 등에 진한 양분을 저장한다. 봄이 되면 그 수액을 가지 끝으로 보내 새싹을 만드는데, 보관 중인 양분이 추위에 얼까 봐 감싸주는 것이라고도 한다. 특히 배롱나무나 감나무 등 따뜻한 남쪽 지역에서 자라는 나무는 상대적으로 추운 중부 이북 지역에서는 겨울나기가 어려워 짚으로 감싸주는 것이라고 한다.

따뜻한 곳에서 자라는 나무를 추운 곳에 심는 것부터 잘못이다. 아무리 잘 돌본다고 해도 그 지역에 맞는 나무를 심는 게 좋지 않을까?

4장

도심 속 허파,
남산

가장 좋은 산

공원을 지나 가로수가 있는 비탈길을 따라 올라가다 보면 남산도서관이 나온다. 도서관 뒤로 계속 올라가면 남산 정상에 다다른다. 남산은 서울 한양도성의 남쪽에 있기 때문에 붙은 이름이다.

애국가 가사 '남산 위에 저 소나무 철갑을 두른 듯'에서 남산이 서울의 남산일까? 그렇지 않다. 어찌 애국가 가사를 서울 위주로 썼겠는가. 애국가에 나오는 남산은 자기가 사는 지역의 남산을 말한다. 우리나라는 주로 동네의 앞쪽이 남쪽이니 남산은 동네 앞산을 말한다.

"좋은 산 있으면 추천해주세요." 가끔 받는 부탁이다. 서울에 사는 나는 주로 북한산이나 청계산을 추천하지만, 사실 가장 좋은 산은 자기 동네 앞산 혹은 뒷산이다. 자주 갈 수 있는 산이 제일 좋은 산이다.

나는 집 뒤가 남산이라 자주 오른다. 남산도서관 옆길이나 남산순환버스가 내려오는 길을 주로 이용한다. 남산은 포장된 길이 많지만 흙길도 있다. 최근에는 아스팔트 길 옆에 걷거나 조깅 하기 좋게 우레탄을 깔아 놓았다. 흙길을 걷고 싶어도 도심에서 흙길을 만나기는 쉽지 않다. 남산 정상을 향해 오르다가 야생화공원 근처로 가는 길이 있다. 주민들이 아는 흙길이다. 그 길로 접어들어 천천히 걷는다. 운동하는 데는 포장된 길이 낫지만, 자연을 만나려면 흙길이 좋다.

동네 주변에 뒷산이나 앞산이 있을 것이다. 남산의 생태와 크게 다르지 않으니 남산을 산책하며 만나는 동식물을 소개한다.

냉이

남산에 가기 위해 후암시장을 지나 남산도서관에 이른다. 산철쭉을 심은 화단이 보인다. 그 아래 냉이가 한창이다. 사람들은 2월에 냉이를 보고 "어머, 냉이가 벌써 나왔네" 한다.

12.04

봄이 오면 우리 시골 동네 아이들은 "나순개 캐러 가자"며 바구니 들고
들로 나서곤 했다. 그때 부르던 들풀이며 나무 이름이 도감과 다른 게 많다.
어쩌면 그것이 진짜 우리말인지도 모른다는 생각을 한다.
지금 우리가 쓰는 이름은 영어나 일본어로 된 식물 이름을 번역한 게 대부분이다.
사투리에 고유의 식물 이름이 그대로 남았을 가능성이 많다.

냉이는 대표적인 봄나물이다. 겨우내 묵은 반찬을 먹다가 맛보는 냉잇국은 봄 내음을 전해주는 음식이다. 하지만 냉이는 이른 봄에 돋아난 새싹이 아니라 지난가을에 나온 로제트 식물이다.

바람이 많이 부는 겨울은 춥고, 땅의 수분이 증발해 건조하다. 추위와 바람을 견디기 위해 땅바닥에 바짝 엎드린다. 햇빛을 최대한 많이 받으려고 잎을 사방팔방으로 내고, 색깔도 녹색이 아니라 보랏빛이나 갈색을 띤다. 광합성 효율을 높이기 위해서다. 털도 많다. 로제트 식물이 겨울을 나는 전략이다.

로제트 식물은 왜 춥고 건조한 겨울에 사는 길을 택했을까? 나무가 몸집을 키우고 광합성을 많이 하는 방식을 택했다면, 풀은 작은 몸집으로 광합성을 조금 하면서 많은 개체 수로 넓은 지역을 차지하는 길을 택했다. 풀도 저마다 전략이 있는데, 로제트 식물은 봄에 빨리 꽃을 피워 열매를 맺고 가을에 다시 꽃을 피우는 방식을 택했다. 한 해에 두세 차례 번식한다. 그러려면 풀에게 시련의 계절인 겨울에도 쉬어선 안 된다. 로제트 식물은 특별한 디자인으로 겨울이라는 시련을 이겨낸다. 겨울이 없었다면 다른 풀들과 경쟁을 피할 수 없었을 것이다. 시련은 있지만 자신의 길을 가는 것이 로제트 식물의 생존 전략이다.

어릴 때 살던 시골에서는 냉이를 '나순개'라고 한다. 다른 지역에서도 '나순쟁이' '나순재' '나생이' 등 여러 이름으로 부른다. 어쩐지 냉이보다 정겹다.

여러 가지 로제트 식물

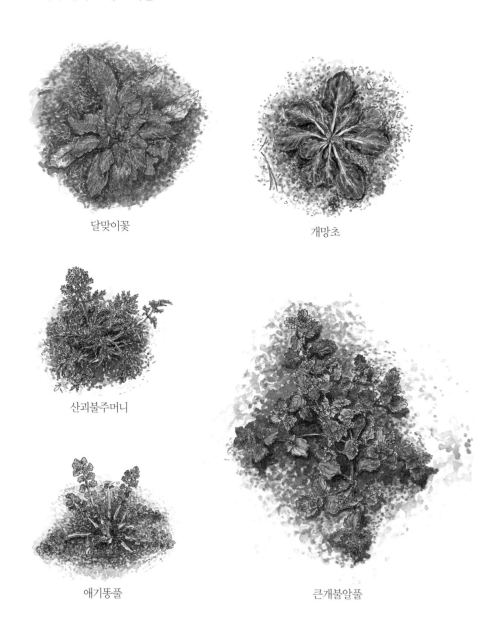

달맞이꽃

개망초

산괴불주머니

애기똥풀

큰개불알풀

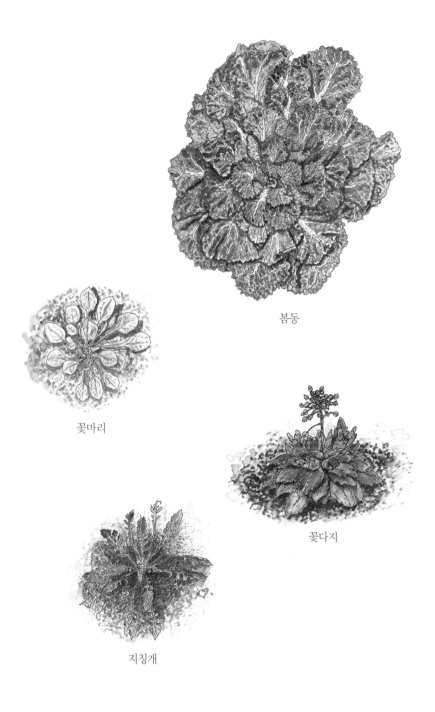

봄동

꽃마리

꽃다지

지칭개

로제트란?

장미 모양을 닮은 장식품을 로제트라 한다. 겨울을 나는 방석 식물이 로제트를 닮아서 로제트 식물이라고 부른다. 로제트 식물은 '방석 식물' '근생엽'이라고도 한다. 겨울을 로제트 형태로 견디고 봄이 오면 꽃대를 올리는데, 크게 세 가지로 자란다. 질경이나 민들레처럼 다 자라도 로제트 모양을 유지하는 풀, 냉이처럼 아래 잎은 로제트 모양이고 꽃대가 자라면서 위에도 잎이 나는 풀, 달맞이꽃처럼 땅바닥에 있던 잎이 자라면서 올라가는 풀이다.

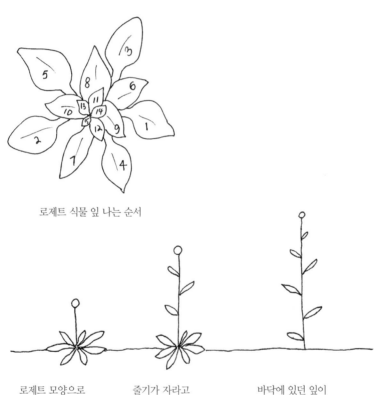

로제트 식물 잎 나는 순서

로제트 모양으로
꽃대만 올린다.
⑩ 민들레, 질경이

줄기가 자라고
줄기에도 잎이 난다.
⑩ 냉이

바닥에 있던 잎이
자라며 줄기에 붙는다.
⑩ 달맞이꽃

지렁이 똥

　화단에 몽글몽글하게 흙이 뭉쳤다. 지렁이가 낙엽과 동물의 똥 등 흙속에 있는 먹이를 먹고 싸놓은 똥이다. 분변토라고 한다. 말이 똥이지 그냥 흙이다. 집어서 보니 지렁이가 빠져나간 구멍이 있다. 몸 굵기가 딱 이만했겠지. 모든 생명의 움직임에는 흔적이 있다.

　지렁이는 흙 속에 있는 먹이를 먹느라 흙에 구멍을 내고 똥을 싼다. 결과적으로 지렁이가 판 구멍 때문에 흙 속에 공기가 잘 들어가고, 분변토 덕분에 기름진 땅이 되어 식물이 잘 자란다. 나무도 풀도 지렁이 신세를 지는 셈이다.

　지렁이뿐만 아니라 자연은 모든 게 연결되었다. 자연을 관찰하면 그런 연결 고리를 찾을 수 있다. 지렁이의 생태를 공부하는 일이 당연히 필요하지만, 그보다 '지렁이는 자연에서 어떤 역할을 할까?' '지렁이는 다른 생물과 어떤 관계가 있을까?' 같은 호기심이나 관심을 가지고 생각하는 게 먼저다.

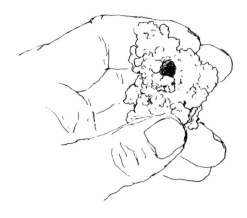

지렁이가 똥을 싸고
몸을 쑥 빼낸 흔적이
구멍으로 남았다.
구멍 크기로
지렁이 굵기를 알 수 있다.
제주도의 용암굴이 연상된다.

화단이나 풀밭에 몽글몽글
뭉쳐진 흙이 지렁이 똥이다.

지렁이는 앞과 뒤가 비슷하지만 간단히 구별할 수 있다. 지렁이 몸에 환대라는 띠가 있는데, 이 띠가 있는 쪽이 앞이다. 앞쪽이 입이고 뒤쪽이 똥구멍이다. 환대는 지렁이가 어릴 때 보이지 않다가 성숙해지면 생긴다.

지렁이는 달팽이처럼 암수한몸이다. 암수한몸이면 다른 개체와 짝짓기 하지 않을 거라 생각하지만, 짝짓기 한다. 유전자의 다양성을 위해서다. 어차피 다른 개체와 짝짓기 할 바에 암수한몸의 의미가 있을까 싶다. 그런데 알고 보니 지렁이나 달팽이처럼 이동 거리가 짧은 동물은 생애에 다른 개체를 만날 확률이 낮고, 어쩌다 만난 짝이 동성이면 짝짓기를 못 하게 되니 암수한몸을 선택했다고도 한다. 세상에 살아가는 방법이 한 가지도 아니고, 어떤 방법이 절대적으로 유리하지도 않다. 저마다 자기가 사는 환경에 따라 선택할 뿐이다. 그 선택도 자기 의지라기보다 살아남은 개체가 많다 보니 그 형질이 전해진 것이리라.

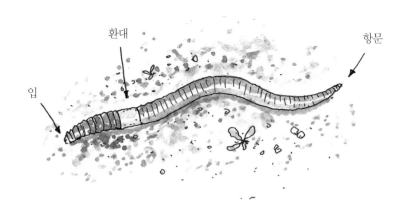

환대

항문

입

비 오는 날 왜 지렁이가 많이 나타날까?

길을 걷다 보면 지렁이가 많이 눈에 띄는 때가 있다. 주로 비 오는 날이다. 지렁이는 비가 오면 왜 땅 위로 나올까?

지렁이는 피부로 호흡한다. 땅속에 물이 차면 지렁이도 숨이 막혀 죽을 수 있다. 비가 오면 지렁이가 땅 위로 나오는 것도 이 때문이다. 땅에 물이 빠지면 다시 들어가야 하는데, 갑자기 해가 뜨면 피부가 말라서 죽는다. 그래서 비가 갠 뒤 길바닥에 말라 죽은 지렁이가 많다.

개미들이 죽은 지렁이를
토막 내서 가져가려고 한다.

05.19

벚나무

남산 기슭에 들어서면 벚나무를 맨 처음 만난다. 우리가 보는 벚나무는 대개 왕벚나무나 산벚나무인데, 도심에 있는 벚나무는 대부분 왕벚나무다. 꽃이 먼저 피고 잎이 나중에 나오면 왕벚나무, 꽃과 잎이 함께 나오면 산벚나무다. 꽃이 지면 어느 게 왕벚나무고 산벚나무인지 알 수가 없다. 굳이 구별하지 않고 벚나무라는 것만 알아도 좋다.

벚나무는 껍질에 가로줄이 있다. 느티나무와 박달나무도 그렇다. 박달나무는 깊은 산속에서 볼 수 있으니, 주변에서 자주 눈에 띄는 것은 느티나무와 벚나무다. 두 나무의 줄기가 헷갈리는데, 잎이나 열매를 보면 곧바로 벚나무인지 느티나무인지 알 수 있다. 나무껍질에 있는 가로줄은 '껍질눈(피목)'이다. 나무는 껍질눈으로 호흡을 한다.

남산에 오르는 길가에 벚나무가 늘어섰다. 줄기가 꽤 굵은 것으로 보아 심은 지 오래된 벚나무다. 벚나무는 수명이 그리 길지 않다지만, 이 정도로 굵어지려면 100년 가까이 됐음 직하다. 일제가 조선을 식민 통치할 때 남산에 신사를 세웠는데, 아마도 그 무렵에 심은 게 아닌가 싶다.

나무를 안아본다. 한 아름이 훨씬 넘는다. 나무를 안으면 나무와 훨씬 가까워지는 느낌이다. 큰 나무를 보면 종종 이렇게 안아준다. "지금껏 사느라 고생했다, 아니 고생하셨습니다. 그리고 감사합니다. 건강히 장수하세요."

나무 이름을 모르는 사람이 많다. 그 많은 나무 이름을 어떻게 다 외울까 싶지만, 어려운 일이 아니다. 도입종을 빼면 우리나라에 사는 나무는

700종이 넘지 않는다. 하루에 한 종씩 2년이면 다 외운다. 나무 공부 한다고 마음먹으면 하루에 한 개만 외우겠나? 산책 한 번 나가면 100종은 보고, 경복궁만 돌아도 100종은 본다. 관심을 가지고 반복하면 누구나 알 수 있다. 하지만 나무 이름을 외우는 것보다 그 나무를 알아보는 게 중요하다.

나무 이름은 식물학자들이 분류하기 위해 편의상 붙여놓은 학명이다. 우리가 그 이름을 모두 알 필요는 없다. 작은 차이를 알아보고 따로 이름을 붙이면서 생물의 다양성을 이해하는 것도 좋지만, 정확한 분류는 어디까지나 그것을 연구하는 학자들이 할 일이다. 이 책에서는 나무를 구별하는 법을 자세히 다루지 않는다. 나무에 대해 더 알고 싶을 때 나무 도감을 보면 좋겠다.

도감에서 느티나무를 찾아보면 그 언저리에 푸조나무, 느릅나무, 비술나무 등 비슷한 나무가 있다. 사진을 비교하며 살펴보면 차이를 금방 알 수 있다. 남이 알려준 지식보다 내가 직접 알아낸 지식이 훨씬 오래가는 법이다.

곧 꽃이
나오겠다.

가지에
털이 많다.

벗나무
날씨가 차갑고 봄 같지 않아도
식물은 나름의 계절 감각으로
꽃을 피운다.
달력이 없을 때는 식물을 보고
계절을 짐작했겠지?

04.04   04.06

이 부분이 꽃받침과
일체형이다.

꽃잎이
잘 떨어지게
생겼다.

암술이 수술보다 짧고
안에 있다.
수술의 길이는 천차만별이다.

뒷모습을 보면 꽃잎과 꽃잎이
겹치는 지점에 정확히
꽃받침이 있다.

꿀샘

벗나무 잎을 살펴보면 잎자루 양쪽에 깨알만 한 게 하나씩 달렸다. 꿀이 나오는 꿀샘(밀선蜜腺)이다. 꽃가루받이하기 위해 벌을 부르는 꿀은 보통 꽃에 있는데, 왜 잎자루에 꿀샘이 있을까?

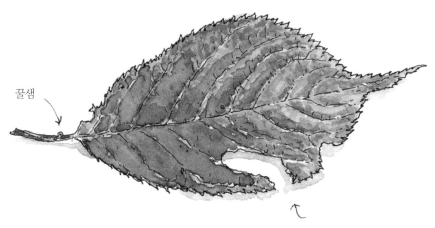

꿀샘

벗나무 잎

07.07

꿀샘에서 단물이 나와 개미를 부르고,
개미가 오면 다른 곤충이 못 온다는데
여긴 도대체 누가 갉아 먹었을까?
꿀샘은 개미가 와서 자극을 줘야
단물을 낸다고 한다.
개미가 없는 틈에 와서 먹었나 보다.

잎이 달린 벚나무 가지를 자세히 보면 알겠지만, 잎자루에서 꿀을 내는 것은 개미를 불러들이기 위해서다. 벚나무 잎은 왜 개미를 부를까? 잎을 해치는 진딧물과 곤충 애벌레를 막기 위해서다. 특히 연한 새잎은 애벌레에게 좋은 먹이다. 개미가 있으면 애벌레가 잘 오지 않고, 오더라도 개미가 공격하기 때문에 잎을 갉아 먹기 어렵다.

벚나무는 잎을 지키기 위해 꿀을 만드는 데 에너지 중 일부를 사용해 개미를 불러들이는 것이다. 다른 나무도 마찬가지다. 자신이 광합성을 통해 만들어낸 에너지를 꽃 피우는 데, 열매를 만드는 데, 생장하는 데, 독이나 향을 만들어 적을 막는 데 적절히 사용한다. 동식물은 대부분 자신이 만든 에너지를 적절히 나눠서 활용하며 살아가는 전략을 쓴다.

버찌

　벚나무 열매를 버찌라 한다. 약간 쓸쓸하지만 제법 단맛이 난다. 자줏빛 과즙은 언뜻 보면 피 같아서, 종종 입가에 묻히고 피가 난 척 친구를 속이기도 했다. 매끈한 씨앗을 퉤 하고 누가 더 멀리 뱉는지 시합도 했다.

　버찌 씨앗이 매끈한 것은 동물 이빨에 씹히지 않고 목으로 넘어가기 위해서다. 애써 만든 씨앗이 너구리 같은 포유류 입속에 들어갔다가 이빨에 으깨지면 소용이 없다. 그대로 목으로 넘어간 씨앗은 위산 때문에

산벚나무 열매　　　　　　　　　　왕벚나무 열매

버찌가 한창이다. 어릴 적에는 누가 말해주지 않아도 이 시기가 되면
앞산으로 버찌를 따 먹으러 다녔다. 형들을 따라다니면서 자연스럽게 배운 것이다.
어른이 된 지금은 눈으로 그것을 확인하고야 '어느새 버찌 열릴 때가 됐나?' 하고
뒤늦게 안다. 어린 시절에 자연을 오감으로 만나는 것은 단순한 경험이 아니라
그 달콤한 맛과 함께 시간과 장소를 먹는 것이다. 음식에 추억이 담기듯이
자연을 맛보는 것은 추억을 함께 먹는 것이다.

06.05

겉껍질이 연해지고, 똥에 섞여 나온 씨앗은 그냥 땅에 떨어진 씨앗보다 싹을 잘 틔운다. 많은 열매가 버찌처럼 씨앗 표면이 매끄럽거나 맛없게 만들어서 씹히는 것을 피한다. 조금 더 자세히 보고 깊이 생각하면 여러 가지를 알 수 있다.

벚나무는 팔만대장경과도 관련이 있다. 고려 시대에 몽골의 침입을 불심으로 이겨내고자 목판에 불경 글자를 새겨 종이에 찍어낼 수 있게 만들었는데, 그 목판이 8만 장이 넘어서 팔만대장경이라 한다. 팔만대장경의 목판을 조사한 결과 나무 한 종이 아니라 몇 종으로 만들었다. 그중에서 가장 많은 비중(60퍼센트 이상)을 차지하는 게 산벚나무다.

왜 그랬을까? 산벚나무는 조직이 조밀하고 잘 썩지 않아 목판으로 사용하기에 적합했을 것이다. 하지만 아무리 좋은 목판의 재료라고 해도 구하기 쉬워야 한다. 당시 우리나라에 산벚나무가 많았다는 것을 알 수 있다. 늘 보던 나무와 함께 하다 보면 이야기가 만들어진다. 귀하고 드물고 멋진 것뿐만 아니라 늘 곁에 있고 자주 보는 나무가 역사를 만든다는 사실을 잊지 말아야 한다.

열매의 종류

핵과核果, drupe	과육이 있고, 그 안에 씨앗이 한 개 든 열매. 예 버찌, 살구, 매실.
시과翅果, samara	날개 열매. 씨앗을 싸는 겉껍질이 늘어나 날개 모양으로 달려서 바람을 잘 타는 열매. 예 단풍나무 열매, 물푸레나무 열매, 백합나무 열매.
구과毬果, cone	방울 열매. 소나뭇과 나무의 열매로, 비늘 조각이 여러 겹 포개져서 구형이나 원뿔형이다. 비늘 틈에 씨앗이 들었다. 예 솔방울, 잣송이.
삭과蒴果, capsule	열매 속이 여러 칸으로 나뉘고, 그 칸에 씨앗이 여러 개 든 열매. 예 제비꽃 열매, 붓꽃 열매, 무궁화 열매.
견과堅果, nut	굳은열매. 딱딱한 껍데기에 싸인 씨가 한 개 든 열매. 예 밤, 도토리.
수과瘦果, achene	여윈 열매. 솜털처럼 보이고, 씨가 한 개 든 열매. 예 민들레 씨, 할미꽃 씨.
골돌蓇葖, follicle	씨방이 여러 개고, 익으면 벌어져 씨가 드러나는 열매. 예 대다수 목련과 나무의 열매.
협과莢果, legume	꼬투리 열매. 주로 콩과 식물이고 꼬투리가 있는 열매. 예 칡 열매, 등나무 열매, 주엽나무 열매.
영과潁果, caryopsi	이삭 열매. 이삭 형태로 된 열매. 예 보리쌀, 쌀.
장과漿果, berry(액과)	물열매. 물이 많은 열매. 예 포도, 토마토, 오이.

그밖에 사과나 배 같은 이과梨果, pome, 호박이나 수박 같은 호과瓠果, pepo 등이 있다. 한자가 어려워서 우리말로 바꾸고 싶은데, 몇 가지는 바꾸기 애매하다. 다양한 의견을 모아서 차차 바꾸면 좋겠다.

핵과 이야기

열매는 여러 종류가 있다. 씨앗 하나가 열매 가운데 있고, 그 주변을 과육이 감싸는 열매를 핵과라 한다. 대표적인 핵과가 살구나 매실이다. 핵과는 씨앗이 한 개다. 그런 씨앗은 큰 편인데, 새싹에 필요한 양분이 씨앗에 어느 정도 있어 흙에 영양분이나 수분이 조금 부족해도 싹을 돋우고 생존할 수 있다. 즉 생존율이 높다. 실제로 중국에서는 사막이 되어가는 지역에 살구나무를 심는다고 한다. 살구나무가 건조한 기후에 강한 면을 보이기 때문이다. 밤이나 도토리 같은 견과가 핵과보다 크고 생존율도 높기는 하다.

맹아지

　원줄기 곁에 잔가지가 유난히 많은 나무가 있다. 이는 나무가 건강하지 않을 때 뿌리나 줄기의 잠자던 겨울눈에서 나오는 가지로, 흔히 맹아지라 부른다. 나무는 잎의 수를 늘려야 광합성에 유리하기 때문에 맹아지라도 만드는 것이다.

　이런 가지는 광합성을 해서 얻는 에너지보다 호흡하는 데 쓰는 에너지가 많다. 나무에 오히려 좋지 않게 작용하니 제거해준다. 그러나 맹아지도 어릴 때가 문제지, 잘 자라면 큰 나무가 되어 제 역할을 하니 무조건 제거할 일은 아닌 듯하다. 건강하지 않아서 뭔가 해보겠다고 나온 맹아지가 대견하다.

정상적인 가지는
나뭇가지 끝부분에서
새 가지가 나온다.

땅속뿌리에서
나온 가지

맹아지는
원줄기나 뿌리에서 나온다.

나무의 건강이 좋지 않으면
맹아지가 생긴다.

곶자왈이라 부르는 제주도 숲에는 때죽나무 맹아림이 많다. 때죽나무는 원래 큰키나무(교목)인데, 땔감으로 많이 베어 쓰다 보니 맹아지가 여러 줄기로 자라 떨기나무(관목) 숲을 이룬다. 이런 숲을 맹아림 혹은 이차림이라고 한다.

서울 남산에도 그런 나무가 있다. 크게 자라는 참나무 종류인데도 줄기가 여러 갈래로 갈라져서 자라는 나무가 보인다. 이런 나무를 큰키나무가 떨기나무 화한 것, 혹은 한줄기나무가 여러줄기나무 화한 것이라고 말한다. 어릴 때 원줄기가 베이거나 상처가 난 나무로, 땔감이나 숯을 만드는 데 주로 사용된 참나무 종류가 많다.

언제 맹아지가 나와서 여러 줄기가 됐는지 궁금하다면 줄기가 시작된 지점을 톱으로 잘라 나이테를 본다. 그렇다고 톱질할 수 없으니, 굵기로 추정한다. 그 시기에 이 나무에게 아픈 과거가 있었을 것이다.

졸참나무는 원래
한 줄기로 높게 자라는데,
이 나무는 어릴 적에
맹아지가 돋아나서
떨기나무처럼 자랐다.

04.07

가죽나무

 길옆 화단에 잎이 여러 장 달린 작은 나무가 보인다. 이제 막 돋아난 아래쪽 잎은 세 장, 그다음 돋아난 잎은 다섯 장이다. 나무가 어릴 때는 알아보기가 참 어렵다. 자세히 보니 가죽나무다. 비슷한 참죽나무와 구별하기 위해 가짜 죽나무란 뜻으로 붙인 이름이다. 우리 고향에선 참죽나무를 '깨죽나무', 가죽나무를 '개깨죽나무'라고 한다.

 가죽나무는 아무 데서나 잘 자란다. 가지도 사슴뿔처럼 멋지다. 영어 이름이 왜 Tree of Heaven(하늘 나무)인지 잘 모르겠다. 열매가 바람을 타고 하늘을 날아서 그럴까? 어쩌면 나무 모양이 멋져서 그런 것 같기도 하다.

어린 가죽나무

가죽나무는 꽃, 열매, 잎, 목재 어느 하나 먹거나 쓸데가 없다고 한다. 하지만 쓸데가 전혀 없는 것은 없다. 목재는 농기구를 만들고, 잎은 가중나무고치나방의 먹이로 사용한다. 뿌리껍질은 한약재로 쓰인다. 설사 쓸모없다고 해도 그 쓸모없음에 미학이 있다. 쓸모없으니 사용되지 않고, 쓸모없으니 베이지 않는다. 쓸모없어서 목숨을 건졌다.

가죽나무 열매는 바람으로 씨앗을 멀리 보내기 좋게 생겼다. 바람에 씨앗이 회전하는 것도 특이하다. 씨앗을 바람에 날리는 식물은 주변에서 만나기 쉬우니, 보면 주워서 날려보자. 그 회전력과 회전 방향에 깜짝 놀라 절대로 한 번 던지고 말지 않는다.

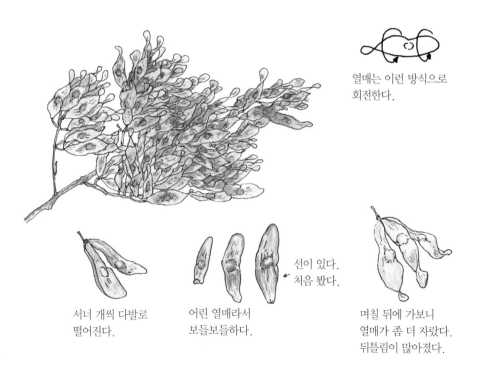

열매는 이런 방식으로 회전한다.

선이 있다.
← 처음 봤다.

서너 개씩 다발로 떨어진다.

어린 열매라서 보들보들하다.

며칠 뒤에 가보니 열매가 좀 더 자랐다. 뒤틀림이 많아졌다.

119

잎을 자세히 보면 잎자루에 가까운 잎 아랫부분에 꿀샘이라고도 하고, 나오는 게 꿀이 아니라서 '선점腺點'이라고도 하는 돌기가 몇 개 있다. 가죽나무 잎에서 나는 고약한 냄새가 이 선점에서 더 심하다. 정확한 원인은 모르지만 이 냄새로 잎을 갉아 먹으려는 애벌레를 쫓는 건 아닐까 짐작한다. 벚나무 잎에도 꿀샘이 있는데, 그것은 오히려 단맛으로 개미를 끌어들인다. 개미가 와서 다른 애벌레가 못 오게 하니 결과적으로 같다. 가을에 가죽나무 잎의 역한 냄새가 좀 줄어드는데, 그때를 노려 잎을 갉아 먹는 가중나무껍질밤나방도 있다. 자연에서는 빈틈을 공략하는 게 생존 전략의 큰 부분이 아닐까 싶다.

가죽나무는 겹잎인데, 작은 잎 하나도 일반 나뭇잎 같다. 그런 잎이 여러 장 붙었으니 잎의 전체 면적은 꽤 넓다. 잎이 넓은 나무는 대부분 가지가 단순하다. 잎을 많이 달지 않아도 되니 가지 역시 단순한 것이다. 홑잎인 오동나무 가지가 단순한 것도 같은 이치다. 그런 나무는 잎자루가 길고 굵어 잎이 가지에 붙었던 잎자국(엽흔)도 크다.

가죽나무 꽃이 지고
슬슬 열매로 변하는 시기다.
비바람에 떨어진 게 많다.
열매가 붙었던 부분(과축)까지
떨어졌다.

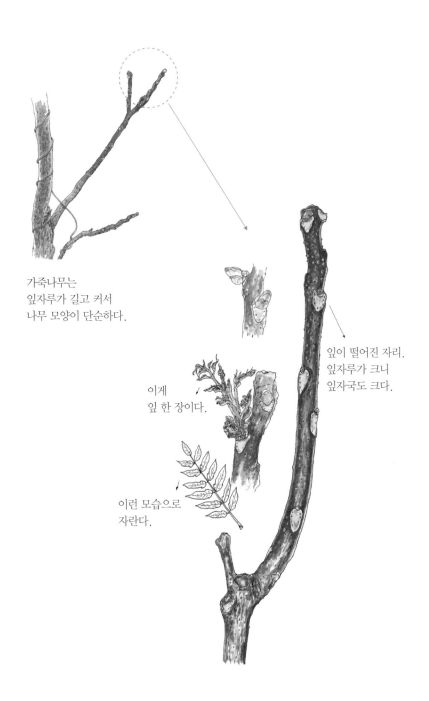

가죽나무는
잎자루가 길고 커서
나무 모양이 단순하다.

이게
잎 한 장이다.

이런 모습으로
자란다.

잎이 떨어진 자리.
잎자루가 크니
잎자국도 크다.

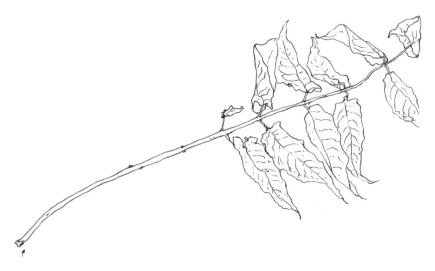

잎자루와 함께
잎이 떨어졌다.

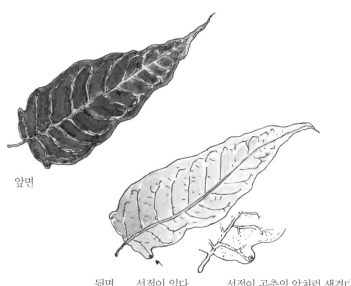

앞면

뒷면   선점이 있다.   선점이 곤충의 알처럼 생겼다.
06.14

가죽나무 잎
실제 크기

나뭇잎 면적(잎의 크기)

가죽나무는 겹잎이다. 작은 잎 여럿이 모여 한 장을 이루는 겹잎은 잎면적이 꽤 넓다. 나뭇잎 면적은 홑잎이 넓을까, 겹잎이 넓을까? 결과는 비슷하다. 잎면적이 넓다는 것은 광합성 할 재료가 그만큼 많다는 뜻인데, 나무는 크기가 비슷하면 잎의 전체 면적도 비슷하다. 잎이 크면 수가 적고, 잎이 작으면 수가 많다.

겹잎과 홑잎의 관계도 그렇다. 겹잎이든 홑잎이든 잎 전체 면적은 비슷하다. 바늘잎나무와 넓은잎나무도 언뜻 보면 넓은잎나무가 잎면적이 넓을 것 같지만, 전체 면적은 큰 차이가 없다고 한다. 아무래도 넓은잎나무가 더 넓겠지만 넓은잎나무는 가을부터 겨울까지 쉬고, 바늘잎나무는 쉬지 않고 광합성을 하니 그 양은 비슷하다. 자연에 특별히 유리한 것은 없는 듯하다.

나뭇잎 면적은 생각보다 넓다. 당연히 큰 나무일수록 잎이 많고 전체 면적도 넓다. 나무 한 그루가 있다면 그 나무가 차지하는 땅의 면적은 어느 정도일까?

신갈나무를 예로 들어 계산해보자. 수관이 차지하는 넓이는 원의 넓이로 계산한다. 반지름이 약 5m라면 넓이는 3.14×500×500＝785,000cm²다. 잎 한 장이 약 9×9cm 사각형 면적과 비슷하다면, 잎 면적은 약 80cm²다. 그런 잎이 10만 장 있다면 8,000,000cm²다. 수관이 차지하는 비율보다 10배나 넓다. 잎을 모두 펼치면 그렇게 넓다. 그 넓은 잎으로 광합성을 하니까 나무가 살아갈 수 있는 것이다.

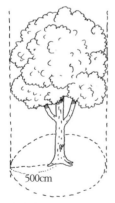

나무가 차지하는 땅의 면적은
반지름이 5m인 원의 면적과 비슷하다.

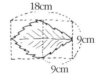

잎이 마름모꼴이라서
잎면적을 대략 재면
가로×세로 9cm인
사각형 면적과
비슷하다.

느티나무
잎자루 0.5cm
잎면적 8cm²
잎자루가 짧고 잎면적이 좁아서
잔가지와 잎도 많다.

벚나무
잎자루 3cm
잎면적 36cm²
느티나무보다 잎자루가 길어서
잔가지가 적다.

갈참나무
잎자루 2cm
잎면적 90cm²

엄나무
잎자루 12cm
잎면적 56cm²
큰 것은 잎자루가 30cm가 넘는 것도 있다.
잎자루가 길면 나무 모양이 단순해진다.

오동나무

잎자루 25cm
잎면적 440cm²
잎자루가 길고 잎면적이 넓은 오동나무는
나무 모양이 단순하고 잎 수도 적다.
세려면 다 셀 수 있을 정도다.

버즘나무

잎자루 7cm
잎면적 400cm²

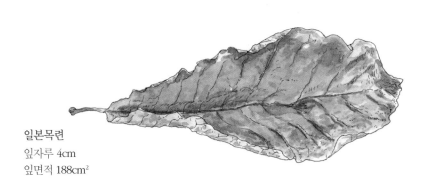

일본목련
잎자루 4cm
잎면적 188cm²

튤립나무
잎자루 12cm
잎면적 132cm²

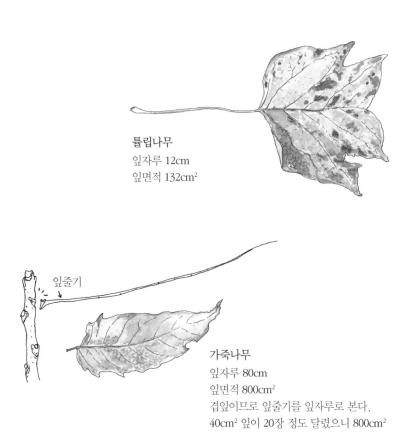

잎줄기

가죽나무
잎자루 80cm
잎면적 800cm²
겹잎이므로 잎줄기를 잎자루로 본다.
40cm² 잎이 20장 정도 달렸으니 800cm²

나무의 심장 소리

"나무의 심장 소리를 들어보라"는 말을 자주 한다. 심장이 없는 나무의 심장 소리를 들어보라니, 말이 안 되는 말이다. 하지만 우리와 다른 생명체인 나무를 이해하기 위해서는 여러 가지 방법으로 다가가야 한다.

봄에 새싹을 보면 나무가 살아 있다는 걸 알 수 있다. 하지만 오래 관찰해야 한다. 지금 나무가 살아 있다는 걸 느끼는 방법은 없을까? 나무는 광합성을 하기 위해 물을 끌어 올린다. 물관을 통해 물이 올라가는 소리를 들어보자. 과연 들릴까?

헬렌 켈러가 말했다.

"봄이 오면 나는 벚나무 가지를 손으로 더듬어봅니다. 나는 벚나무 줄기 속으로 흐르는 물을 손끝으로 느낄 수 있습니다. 여러분은 이 놀라운 기적을 그냥 지나치고 맙니다. 여러분이 하루에 한 시간이라도 장님이나 귀머거리가 될 수 있다면 저 벚나무의 꽃을 보고 나뭇가지 위를 날아다니는 새의 울음소리를 듣는 사소한 기쁨이야말로 신이 주신 가장 큰 은총임을 깨달을 것입니다."

헬렌 켈러는 눈으로 보거나 귀로 듣지 않고 손의 감각으로 나무가 살아 있음을 느꼈다. 우리는 귀로 들어보자. 청진기를 이용하니 잘 들리지 않는다. 더 잘 듣는 방법이 있다. 그냥 귀를 대는 것이다. 나무껍질에 귀를 진공상태로 만들듯이 바짝 댄 다음, 눈을 감고 조용히 집중해본다. 그러면 소리가 들린다. 나뭇가지가 바람에 흔들려서 나는 소리, 멀리 지나가는 자동차 소리의 공명도 느껴진다.

많은 사람은 나무의 물 올라가는 소리는 들을 수 없다고 한다. 물은 한 시간에 고작 수십 센티미터 올라가고, 물관 굵기도 0.1밀리미터 정도여서 들리지 않는다. 하지만 잘 들어보면 규칙적으로 꼬르륵꼬르륵 하는 소리가 들린다. 가느다란 물관도 여러 개가 동시에 올라가면 소리가 들리지 않을까? 껍질이 두꺼운 나무보다 얇은 나무가 잘 들린다. 단풍나무나 자작나무가 좋다.

봄날 해가 비칠 때 더 잘 들린다고 한다. 나도 단풍나무를 만난 김에 들어보았다. 살짝 들린다. 내가 들은 것이 물 올라가는 소리라고 믿는다. 산책하다가 단풍나무를 만나거든 꼭 껴안고 귀를 바짝 대보기 바란다. 들리지 않는다면? 내가 들은 소리가 진짜 물 올라가는 소리가 아니라면? 그래도 상관없다. 나는 나무가 살아 있음을 느꼈고, 나무와 껴안고 볼도 대보며 좋았으니까!

나무의 생일

날씨가 아직 춥지만 산책에 나선다. 남산 숲에 들어서니 점점이 연초록색이 보인다. 이렇게 빨리? 가까이 가보니 귀룽나무다. 이른 봄에 혼자 연초록 잎을 낸 나무가 있다면 십중팔구 귀룽나무다. 비슷한 시기에 잎을 내는 나무가 하나 더 있다. 바로 참빗살나무다. 어긋나기를 하면 귀룽나무, 마주나기를 하면 참빗살나무다.

나무도 우리처럼 생일이 있을까? 해마다 잎을 새로 내는 날이 생일일까? 그렇다면 나무는 주로 봄에 생일이 있겠다. 저마다 잎을 내는 때가 조금씩 다르니 생일도 조금씩 다르겠다. 오늘 막 생일을 맞은 나무도 있을 것이다. 나와 생일이 비슷한 나무를 찾아보면 재밌을 거 같다. 저마다 시간과 속도가 있고, 저마다 삶이 있다. 이런 생각을 하면 새싹을 더 자세히 본다. 계절에 따라 잎을 내고 꽃을 피우고 열매를 맺는 나무를 보면 그저 신기할 따름이다.

숲을 산책하다가 새싹을 내미는 풀이나 막 태어난 듯한 곤충을 만나면 "너 오늘 생일이구나?" 하고 축하 인사를 건네보자. 숲 속의 생명이 좀 다른 느낌으로 다가올 것이다.

귀룽나무
어긋나기를 해서
참빗살나무와 구별된다.

길쭉한 잎은
무슨 역할을
할까?

귀룽나무에도
꿀샘이 있다.

참빗살나무
04.04

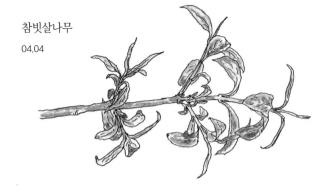

마주나기, 어긋나기

나뭇가지나 잎이 마주나는지 어긋나는지 말하는데, 사실은 겨울눈 위치다. 겨울눈이 있는 자리에서 가지와 잎, 꽃, 열매 등이 나오기 때문이다. 마주나는지 어긋나는지는 줄기가 아니라 겨울눈을 봐야 한다. 겨울눈이 작아서 잘 보이지 않으면 새로 난 가지를 보자. 오래된 가지는 가지치기나 맹아지 때문에 마주나기와 어긋나기의 고유한 특성이 사라진 것이 많다.

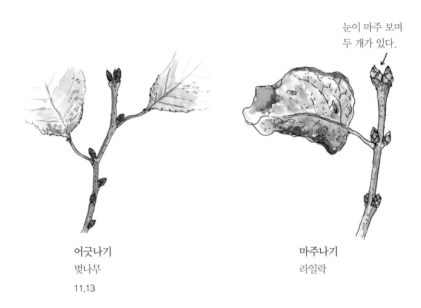

눈이 마주 보며
두 개가 있다.

어긋나기
벚나무
11.13

마주나기
라일락

제비꽃

강남 갔던 제비가 돌아올 때 핀다고 해서 제비꽃이다. 다른 이름도 있다. 만주인(오랑캐)의 변발을 닮았다고 오랑캐꽃, 키가 작아서 앉은뱅이꽃이라고도 한다.

우리나라에 있는 제비꽃 종류가 50종이 넘고, 구별하기도 어렵다. 그냥 제비꽃이라고 부르면 된다. 제비꽃은 생김새가 조금 특이하다. 꿀주머니가 뒤쪽에 있다. 이렇게 뒤로 튀어나온 것을 '거距'라고 한다. 곤충을 더 안쪽으로 불러들여 꽃가루를 많이 묻게 해서 꽃가루받이 확률을 높이려는 의도다.

꽃이 꽃가루받이 확률을 높이려고 꿀이 있는 위치를 안쪽으로 당기면 곤충도 주둥이를 길게 해서 그 꿀을 먹으려고 한다. 이렇게 서로 영향을 미치면서 변하는 것이 공진화다. 크게 보면 자신의 발전이 다른 존재의 발전도 가져온다.

덩치가 크고 힘이 센 뒤영벌은 이따금 꿀주머니를 바깥에서 찢어 꿀을 훔쳐 먹기도 한다. 뒤영벌이 찢어놓은 꿀풀이 가끔 눈에 띈다. 괜히 꿀주머니를 뒤로 당겼다가 손해 본 격이다. 하지만 이런 경우보다 안쪽까지 와서 꿀을 따는 벌이 많으니 손해 보는 장사는 아니다.

제비꽃 씨앗의 번식 이야기도 재미있다. 보통 열매 주머니가 세 갈래로 갈라지며 씨앗이 튀어 나가 스스로 번식하는데, 개미를 활용하기도 한다. 제비꽃 주변을 살펴보면 개미집이 있는 경우가 많다. 여기에는 이유가 있다.

　제비꽃 씨앗에 달린 엘라이오솜elaiosome(종침種枕)이라는 지방산 덩어리는 개미가 좋아하는 먹이다. 개미는 제비꽃 씨앗을 물고 집으로 들어갔다가 엘라이오솜만 떼어 새끼에게 먹이고, 씨앗은 집 밖에 버린다. 개미가 굳이 씨앗을 가져갔다가 엘라이오솜만 떼고 씨앗을 밖에 버리는 것은 엘라이오솜을 떼어내면 신선도가 떨어져 금방 맛이 변하기 때문이라고 한다. 개미를 이용한 제비꽃의 번식 전략이 기가 막히다.

　최근에 연구한 결과에 따르면, 개미보다 사슴이나 노루 같은 초식동물이 제비꽃 씨앗을 옮기는 역할을 많이 한다고 한다. 개미의 도움만으로 멀리 가지 못하기 때문이다. 씨앗을 번식하는 데 한 가지 방법만 사용하지 않는다. 비가 오면 비로, 바람이 불면 바람으로 멀리 간다. 작은 풀 한 포기에도 재미난 이야기가 참 많다.

제비꽃은 꿀주머니가 뒤쪽으로 튀어나왔다.
튀어나온 부분을 '거'라고 부른다.

04.13

열매가 다 익으면
세 갈래로 갈라진다.

벌써 씨앗이
튀어 나가고
한쪽만 남았다.

06.26

꽃과 곤충의 관계

꽃은 식물의 생식기관이다. 꽃의 생김새가 여러 가지인 까닭은 꽃가루 번식 방법이 다르기 때문이다. 식물이 처음 꽃 피웠을 때는 이 세상에 곤충이 없어서 바람에 의존해야 했다. 그런 꽃은 크고 화려할 필요가 없다.

곤충이 생기고 매개 역할을 하자, 많은 식물이 곤충을 겨냥해 다양한 꽃을 피웠다. 곤충을 유혹하기 위해 색과 향, 꿀을 만들었다. 곤충이 다른 꽃 암술머리에 날라줄 꽃가루를 잘 묻히게 꿀을 꽃 안쪽에 두었다. 아름다운 꽃을 보면 색과 모양에 감탄하는 데 그치지 말고, 어떤 곤충을 부르기 위해 이런 색과 모양을 했을까 관찰하고 생각해보자.

곤충은 대개 알에서 애벌레로, 애벌레에서 어른벌레로 탈바꿈한다. 애벌레 때는 주로 식물의 잎을 먹고, 어른벌레가 되어서는 꿀을 먹는다. 애벌레 때 진 빚을 어른벌레가 되어 갚는 셈이다. 식물과 곤충은 아주 오래전부터 그런 관계를 맺어왔다.

토마토와 벌 이야기

토마토는 꽃가루주머니(화분낭)가 닫혀서 인공수정을 해도 잘되지 않는다고 한다. 꽃가루주머니가 닫혔는데 꽃가루받이는 어떻게 할까? 놀라운 사실이 밝혀졌다. 토마토의 닫힌 꽃가루주머니는 350Hz 진동에서 열리는데, 그 진동이 벌의 날갯짓에서 나온다. 오직 벌을 통해서 꽃가루받이하는 거다. 왠지 불리할 것 같지만, 특정한 곤충이 오는 것은 꽃가루받이 확률을 높인다고 한다.

꿀 1kg을 만들려면 벌 한 마리가 꿀을 따러 벌집에서 약 4만 번 나갔다가 돌아와야 한다. 벌은 하루에 8~16번 왕복하는데, 한 번에 배 속에 모을 수 있는 꿀이 겨우 0.02~0.04g이다. 그 양을 모으는 데도 수천 송이 꽃을 찾아다녀야 한다.

이때 벌이 종류가 같은 꽃에 앉아야 꽃가루받이 확률이 높아진다. 그래서 꽃은 특정 곤충을 부르기 위해 특정 형태를 띠기도 한다. 토마토 역시 나비, 딱정벌레, 등에나 파리 등 다른 곤충보다 벌이 오게 해서 꽃가루받이 확률을 높인다. 반대로 벚나무처럼 일시에 화려하게 피어서 여러 곤충이 오게 하는 것도 꽃가루받이 확률을 높이는 방법일 수 있다.

서양민들레

요즘은 어딜 가나 민들레가 있다. 도심에서 만나는 민들레는 하나같이 서양민들레다. 서양민들레가 강해 보이고 꽃도 풍성하다면, 토종 민들레는 조금 연약해 보이고 꽃도 단순한 느낌이다. 마치 소박하고 단정한 우리나라 예술품을 보는 듯하다. 이웃 나라 일본도 서양민들레와 일본 토종 민들레를 우리처럼 구별한다. 토종은 무조건 좋아하는 우리나라 사람이 들으면 섭섭할지 몰라도 토종은 그 나라에 자생하는 종으로, 특산종과 다르다.

04.21

토종 민들레는 아래쪽 총포가
뒤집어지지 않고 꽃을 감싼다.

서양민들레는 총포가 뒤집어져
아래로 향한다.

우리가 거리에서 만나는 민들레는 거의 서양민들레라고 보면 된다. 서양민들레와 토종 민들레를 확실하게 구별하려면 꽃잎 아래 꽃받침과 비슷한 역할을 하는 총포를 봐야 한다. 총포가 아래를 향해 뒤집어졌으면 서양민들레, 그렇지 않으면 토종 민들레다. 우리 고향 집에 가면 흰민들레가 많다. 흰민들레는 기본적으로 토종이다.

민들레는 꽃잎이 많아 보이지만, 사실은 꽃잎 한 장이 꽃 한 송이다. 그러니 민들레 한 포기에 꽃이 수백 송이 있는 셈이다. 민들레처럼 국화과에 속하는 꽃이 대부분 그렇다. 여러 송이가 모여나서 한 송이로 보인다. 안쪽에 동그랗게 보이는 부분을 대롱꽃(관상화)이라고 하는데, 대롱(관) 모양 꽃이 여럿 있는 것이다. 가장자리에는 우리가 꽃잎으로 아는 혀꽃(설상화)이 있는데, 이것도 여러 송이가 모여난다. 가난한 연인이 국화과 꽃 한 송이를 건네며 사실은 수백 송이라고 말해도 좋겠다.

국화, 코스모스, 해바라기, 쑥부쟁이, 구절초, 개망초 등 국화과 꽃은

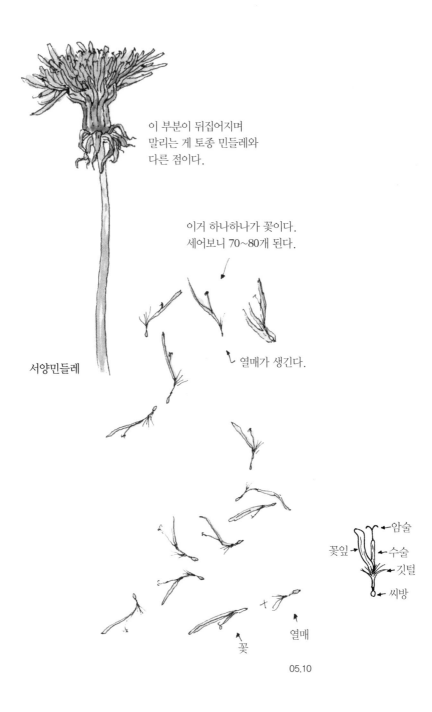

이 부분이 뒤집어지며
말리는 게 토종 민들레와
다른 점이다.

이거 하나하나가 꽃이다.
세어보니 70~80개 된다.

열매가 생긴다.

서양민들레

암술

꽃잎 → 수술

깃털

씨방

꽃

열매

05.10

139

대부분 대롱꽃과 혀꽃이 함께 있다. 하지만 민들레나 서양민들레처럼 혀꽃만 있는 꽃도 있고, 엉겅퀴나 조뱅이, 지칭개처럼 대롱꽃만 있는 꽃도 있다.

민들레 잎은 톱니처럼 생겼다. 마치 악어나 상어 이빨 같다. 서양 사람들도 비슷하게 생각했는지 민들레 영어 이름이 dandelion이다. 프랑스어 'dent de lion'에서 유래한 단어로, 사자 이빨이란 뜻이다. 민들레의 우리말 어원은 아직 정확히 밝혀지지 않았다. '문둘레'에서 왔다고도 하고, 백성을 이르는 '민초'에서 유래했다고도 한다. 시골 어머니는 '머슴둘레'라고 하신다. 어원이 명확하게 밝혀진 경우는 드문 것 같다.

우리 주변에는 서양민들레를 비롯해 도입종 식물이 많다. 어쩌면 거의 모든 식물이 도입종일 수 있다. 이 자리에 서양민들레가 자라는 것도 씨앗이 바람에 날아왔기 때문이다. 주변에 바람을 타고 씨앗을 멀리 보내는 식물이 아주 많다. 단풍나무 씨앗처럼 날개를 단 것도 있고, 민들레나 박주가리처럼 갓털을 단 것도 있다. 씨앗이 이동하다 보면 나라와 나라의 경계를 넘어갈 수 있는데, 여권이나 비자를 발급 받지는 않는다. 그냥 자유롭게 날아간다.

도입종 식물을 마치 외국인 보듯 하는 사람을 가끔 만난다. 도입종이라고 색안경을 끼고 볼 필요는 없다. 도입종이 우리 생태계를 교란한다고 하는데, 교란이란 기준을 어디에 두는가에 따라 다르다. 다양성으로 인식해도 된다. 우리가 만나는 나무와 풀 가운데 처음부터 우리 땅에서 나고 자라는 것이 얼마나 되겠는가. 시간의 차이가 있을 뿐, 어쩌면 모두 도입종일 수 있다. 돈이 되는가, 생태계를 어지럽히는가 등을 따지기 전에 한 생명이니 함부로 하지 않았으면 좋겠다.

서양민들레 씨앗은 늦봄이면 하얗게 익어서 동그랗게 달린다. 바람이 불면 하나하나 떨어져서 날아간다. 아직 날아가지 않은 씨앗은 다가가서 훅 불면 희망을 품은 듯 둥실둥실 하늘로 날아간다. 아이들과 민들레 씨앗으로 희망 놀이를 한다. 각자 희망이나 소원을 말하고 훅 불어보라 한다. 민들레 씨앗이 꿈을 찾아 멀리 날아가듯이, 우리 희망이나 소원도 언젠가 이뤄질 거라고 이야기해준다.

'나무의 생일 파티' 때 민들레 씨앗으로 희망 놀이를 많이 한다. 흙으로 나무에게 케이크를 만들어주고, 초 대신 민들레 열매를 꽂는다. 촛불을 끄듯 다 같이 '후~' 불면 씨앗이 하늘로 날아간다.

흔히 민들레 홀씨라는 표현을 쓰는데, 홀씨(포자)는 무성생식을 위한 생식세포를 뜻하는 말이다. 엄연한 종자식물인 민들레의 씨앗을 홀씨라고 하는 말은 틀린 표현이다. 주로 버섯이나 이끼, 고사리 등이 홀씨로 번식한다. 포자胞子를 일본어로 읽으면 '호우씨ほうし'다. 어쩌면 홀씨라는 말도 일본어 호우씨에서 온 게 아닐까?

흰 유액 이야기

민들레를 비롯하여 씀바귀, 뽀리뱅이, 고들빼기 등 국화과 식물은 줄기를 꺾으면 흰 유액이 나온다. 쓰고 독이 있는 이 유액은 곤충이 식물을 갉아 먹거나 액을 빨아 먹을 때도 나오는데, 유액을 먹은 애벌레나 곤충이 기절하거나 죽기도 한다. 독성에 적응한 곤충이라도 끈적거리는 유액에 입 틀이 막히고, 유액이 그곳에 들러붙어 결국 죽는다. 이렇게 식물마다 독을 만들지만 그것을 해독하는 곤충이 하나 이상은 꼭 있다는 점이 신기하다.

도입종에 대한 이야기

도입종을 싫어하는 사람에게 그 이유를 물으면 토종을 위협하기 때문이라고 한다. 동물은 도입종 물고기가 토종 물고기를 다 잡아먹는 것처럼 그럴 수 있다. 식물은 좀 다르다. 움직일 수 없기 때문에 옆에 있는 다른 종을 괴롭히는 것이 불가능하다. 자꾸 번식해서 토종이 설 자리를 위협한다는 것도 말이 안 된다. 도입종이 사는 곳을 보면 토양이 척박해서 토종이 잘 살지 못하는 곳이다. 도입종 식물이 살면서 척박한 땅에 질소를 넣고, 죽어서 거름이 되어 땅이 비옥해지면 토종 식물에게 오히려 좋을 수도 있다.

도입종이 미움을 받는 데는 아까시나무나 미국자리공처럼 잘못된 정보 때문일 수도 있고, 우리 땅에 우리 것만 있어야 한다는 편협한 민족주의 때문일 수도 있다. 우리 땅에 우리 식물만 있어야 할까? 식물원이나 화분에 있는 수많은 도입종 식물은 좋아하면서 아까시나무, 서양민들레를 싫어하는 이유는 뭘까?

그 이유를 자세히 들어보면, 일제강점기에 들어온 것이라 싫고 다 없애야 한다고 한다. 이해는 하지만 그럴 거라면 적용 기준이 같아야 한다. 편백은 아까시나무처럼 일본에서 들어왔고 심지어 일본 특산종이다. 편백이 건강에 좋다며 여기저기 심어 가꾸고 삼림욕을 하는 것은 어떻게 설명할까? 예쁘지 않고 쓸모없어서 싫은데, 마침 일본이나 미국에서 들어왔다는 이유가 추가되어 미워하는 게 아닐까?

토끼풀

토끼가 잘 먹는 풀이라 토끼풀이라고 부른다. 걷다가 만나는 토끼풀 무더기는 대개 한 개체일 확률이 높다. 넓게 퍼져도 땅속줄기가 대나무나 잔디처럼 뻗어서 퍼지기 때문이다. 토끼풀은 1920년대 우리나라에 등장한다. 일본이 1840년대 네덜란드에서 유리 제품을 수입할 때 깨지지 않게 하는 충전재로 토끼풀 말린 게 쓰였다. 그때 일본에 종자가 들어온 것으로 본다. 충전재로 사용해서 쯔메쿠사つめくさ(詰草), 흰 꽃이 피어서 시로쯔메쿠사しろつめくさ(白詰草)라고 한다. 다른 말로는 오란다겐게オランダげんげ(네덜란드 자운영)라고도 부른다.

세 잎 토끼풀의 꽃말은 행복이고, 네 잎 토끼풀의 꽃말은 행운이며, 행운보다 행복을 좇아야 한다는 이야기가 있다. 세 잎은 믿음, 소망, 사랑을 뜻하고, 네 번째 잎은 행복을 뜻한다는 이야기도 있다. 이런 꽃말이나 나폴레옹의 행운 이야기 모두 호사가들이 하는 말이다. 토끼풀도 사람들이 싫어하는 아까시나무나 미국자리공, 서양등골나물, 돼지풀처럼 귀화식물이다. 같은 귀화식물인데 토끼풀을 싫어하는 사람은 별로 못 봤다.

과수 농사를 짓는 분들은 오히려 매개 곤충을 부르고자, 땅에 질소를 공급하고자 토끼풀을 심는다. 토끼풀 꽃은 꽃가루받이가 되면 시든다. 꽃가루받이가 된 것을 곤충에게 알려 아직 꽃가루받이가 안 된 꽃으로 보내서 전체적으로 꽃가루받이 확률을 높이는 것이다. 사람도 애인이 있거나 결혼한 사람은 표시가 나면 헛물켜는 일은 없을 텐데….

토끼풀은 하나로 연결되었다.
05.10

이 부분이 갈라지면서
씨앗이 나온다.
한 개가 보인다.

꽃   열매

토끼풀과 비슷한 괭이밥.
잎을 떼어서 맛보면 신맛이
난다. 어릴 적에 간식 삼아
많이 먹었다. 요즘 아이들도
신맛 나는 과자를 많이 먹던데,
어릴 땐 왜 신맛을 좋아할까?
옥살산 성분이 있어 쇠붙이를 닦으면 윤이 난다.
저녁이 되니 잎을 오므린다. 열에너지 손실을
막기 위해서라는데, 잘 모르겠다.
물과 관련이 있지 않나 싶다.

08.07

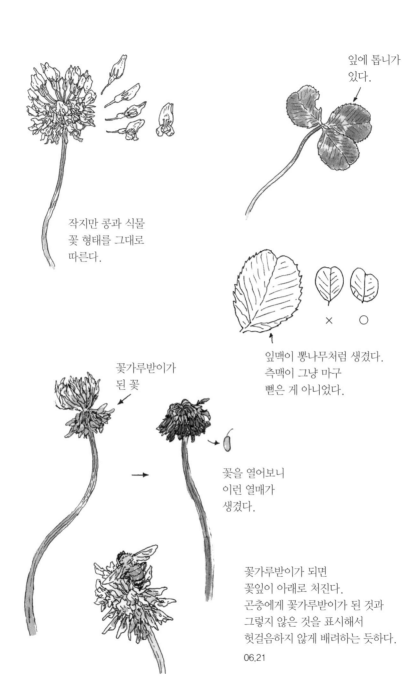

잎에 톱니가
있다.

작지만 콩과 식물
꽃 형태를 그대로
따른다.

잎맥이 뽕나무처럼 생겼다.
측맥이 그냥 마구
뻗은 게 아니었다.

× ○

꽃가루받이가
된 꽃

꽃을 열어보니
이런 열매가
생겼다.

꽃가루받이가 되면
꽃잎이 아래로 처진다.
곤충에게 꽃가루받이가 된 것과
그렇지 않은 것을 표시해서
헛걸음하지 않게 배려하는 듯하다.

06.21

뽕나무

뽕나무는 전국 어디서나 흔히 보인다. 번식력이 강하기도 하지만 다른 이유가 있다. 뽕나무 밭이 푸른 바다가 될 만큼 변화가 크다는 고사성어 상전벽해桑田碧海가 있다. 왜 많은 밭 중에 하필이면 뽕나무 밭일까? 뽕밭이 많았기 때문이다. 옛날에는 밭이란 밭은 대부분 뽕밭이었을 것이다. 그 이유는 누에를 치기 위해서다. 누에는 왜 칠까? 비단을 얻기 위해서다. 나라에서도 왕비가 친잠親蠶까지 하면서 비단 짜기를 장려했다.

나방 중에는 애벌레 때 실을 내어 고치를 만드는 종류가 많다. 누에는 누에나방의 애벌레다. 누에나방은 애벌레 때 실을 내어 고치를 만들고, 그곳에서 번데기가 되었다가 어른벌레로 탈바꿈한다. 누에나방은 수천 년 전에 인간에게 사육되어 지금은 야생에서 살 수 없다.

누에고치에서 실 뽑을 생각을 어떻게 했을까? 중국의 한 여인이 누에고치를 뜨거운 차에 떨어뜨렸는데, 고치에서 실이 풀려 나오는 것을 발견하여 실을 뽑았다고 한다. 누에고치에서 뽑은 명주실로 짠 천이 비단이다. 가볍고 부드러운 비단은 최고급 원단이다.

중국에서 생산되던 비단이 우여곡절을 거쳐 전 세계로 퍼졌다. 이웃인 우리나라에 전래된 것은 오래 지나지 않아서일 것이다. 우리나라에서 비단을 짜기 시작한 때는 정확하지 않지만, 고구려가 비단으로 유명했던 것으로 보아 수천 년은 됐을 듯하다. 그렇게 오래전부터 비단을 짰으니 우리 주변에 뽕나무가 흔한 것도 당연하다. 깊은 산속보다 민가와 가까운 곳에 뽕나무가 자주 보인다.

뽕나무

언젠가 꼭 다시 그리고 싶었는데, 드디어 그렸다.
예부터 비단을 얻기 위해 뽕나무를 심어
우리나라 곳곳에 뽕나무가 흔하다.
뽕나무 열매를 왜 오디라고 할까?
오돌토돌해서 오디라 했다는데,
내 생각엔 검은색에서 유래한 게 아닌가 싶다.
옻칠할 때 옻도 검은색을 뜻하고,
한자로 까마귀 오 자도 있지 않은가.

06.03

간혹 숲 속을 걷다가 뽕나무를 만나 '예전에 이곳에 민가가 있었나 보다' 하면 어김없이 집터나 수로, 아궁이 등의 흔적이 발견된다. 물론 큰 뽕나무나 뽕나무가 여러 그루 있는 곳이다. 작은 뽕나무 한두 그루는 너구리나 새가 퍼뜨린 나무일 가능성이 높다. 오디(뽕나무의 열매)는 단맛이 나서 새나 동물이 좋아한다. 나무에 달린 것은 새가 먹겠지만, 바닥에 떨어진 것은 너구리 같은 동물이 먹을 수 있다.

너구리는 거주지와 화장실이 멀다. 개나 고양이도 잠자는 곳과 먼 데서 배설하는 습관이 있다. 기생충이나 병을 옮기는 원인이 되는 똥과 거리를 두는 것이다. 너구리가 배설한 곳에서 뽕나무가 자랄 수 있다. 다른 나무도 마찬가지다. 바람에 날아갈 만한 열매는 아닌데, 엄마 나무가 주변에 보이지 않고 작은 나무 혼자 있다면 동물이 퍼뜨린 나무다.

뽕나무의 어원

뽕나무가 왜 뽕나무인지 정확히 밝혀지지 않았다. 흔히 오디를 먹으면 소화가 잘돼 방귀가 뽕뽕 나와서 뽕나무라고 한다는데, 그건 재미로 하는 얘기다. 순댓국집에서 파는 암퇘지 자궁을 '암뽕'이라고 한다. 뽕을 생식기나 성행위에 대한 은어로 사용하는데, 과거에 남녀가 뽕밭에서 사랑을 나누었기에 그렇다는 얘기도 확실하지 않다. 나무 이름 붙이는 데 이런 서사적인 이야기를 담는 경우는 별로 없다.

옛 문헌에 해가 뜨는 곳에 있는 신령스러운 나무를 부상扶桑이라고 했는데, 부상 → 부앙 → 붕 → 뽕으로 변했을 것이라는 추측도 한다. 비단을 얻는 귀한 나무를 높여 부른 데서 유래한 것으로 왠지 설득력이 있다.

다 자란 잎 모양을
그대로 닮았다.

오디가 달린다.
정확히 말하면 암꽃이다.
끝에 암술머리가 있다.

암술머리가
두 갈래로 갈라진다.

이 눈은
아직 싹이
나오지
않았다.

뽕나무
겨울눈은
통통하다.

주머니나방 애벌레 집

04.17

가지치기

남산에 오르다 보니 가지치기한 곳에서 버섯이 자라는 벚나무가 눈에 띈다. 가지치기를 잘못한 나무다. 가지치기할 때도 원칙이 있다. 원줄기에 최대한 가까운 곳을 자른다. 원줄기에서 나온 새살이 자른 곳을 빨리 덮기 때문이다. 상처 난 부위를 빨리 덮지 않으면 그 안에 버섯 균이 침투할 수 있다. 버섯이 자라면 균이 물관과 체관을 막아 나무가 죽는다.

가지치기가 잘된 나무는 새살이 고리 모양으로 나와 상처 부위를 덮는다. 이것을 '새살 고리'라고 한다. 새살 고리는 주로 넓은잎나무에서 볼 수 있다. 바늘잎나무는 송진이 상처를 덮어 새살 고리가 덜 나타난다.

벚나무는 가지치기에 적합하지 않은 나무 같다. 가지치기한 곳에 새살 고리가 잘 발달하지 않아 가지가 거의 죽는다. 벚나무는 가지치기하지 말고, 부득이하게 잘랐을 경우 도포제를 발라서 버섯 균이 침투하는 것을 막아야 한다. 잘못된 가지치기로 벚나무가 죽어가는 게 안타깝다.

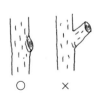

가지치기할 때는
원줄기에 바짝
붙여서 잘라야 한다.

가지치기가 잘된
신갈나무가 새살 고리를
만들어 상처를 덮는다.

가지치기한
자리에
버섯이
생겼다.

낙지

　꽃이 떨어지는 것은 낙화, 열매가 떨어지는 것은 낙과, 잎이 떨어지는 것은 낙엽이다. 가지가 떨어지는 것은? 낙지落枝라고 한다. 발음이 우리가 먹는 낙지와 같아서 웃음이 나오지만, 낙지 현상 때문에 숲 바닥에 나뭇가지가 많다.

　나무는 스스로 가지를 떨어뜨린다. 아래쪽에 있는 나뭇가지는 햇빛을 제대로 받지 못해 거기 있는 나뭇잎과 열매 등을 유지하는 데 들어가는 에너지가 거기서 생산되는 양보다 많다. 따라서 나무가 가지를 떨어뜨리는 것은 효율성 때문이다.

낙지 현상을 좀 더 큰 의미로 해석하는 이도 있다. 가지를 떨어뜨리면 하늘에서 내려오는 빛의 틈을 조금 열어, 아래 있는 작은 나무나 풀이 살 수 있게 해준다는 것이다. 나무 아래 식생이 발달하는 것이 토양의 미생물이 활성화되는 데 도움을 줘서 결과적으로 나무에게도 좋기 때문이라는 얘기다. 이것은 어디까지나 결과적인 해석이고, 나무 입장에서 아래쪽 가지는 쓸모없으니 버리는 게 아닌가 싶다. 물론 그 나뭇가지가 분해되어 거름 역할을 할 수도 있다.

낙지 현상은 비바람이 거센 날 두드러진다. 특히 태풍이 부는 날은 떨어지는 나뭇가지에 다칠 수 있으니, 숲에 들어가지 않는 게 좋다. 숲유치원에서 "나쁜 날씨는 없다. 나쁜 복장이 있을 뿐이다"라고 하는 말은 적어도 이 상황에서는 맞지 않는다. 이 말은 밖에 자주 나가자는 뜻이지, 바람이 거센 날도 나가야 한다는 의미가 아니다.

매미

벚나무 줄기에 뭔가 달렸다. 매미 허물이다. 매미는 여름에 보이지만, 매미 허물은 사철 보인다. 나무줄기나 풀에 붙은 매미 허물이 잘 떨어지지 않기 때문이다. 매미 허물의 앞발을 보면 갈고리가 달렸다. 땅을 파고 다니다가 나무뿌리 수액을 먹고 산다. 땅을 잘 파려면 발에 곡괭이가 달려야 한다. 자세히 보면 빙벽 탈 때 사용하는 피켈처럼 생겼다.

매미 허물에 흙이 묻은 경우가 많다. 땅속에서 나왔다는 뜻이다. 아래쪽을 보면 땅에 지름 1센티미터쯤 되는 구멍이 있다. 매미 애벌레가 나온 구멍이다. 밖으로 나온 애벌레는 헐크처럼 등이 갈라지고, 초록색 매미가 나온다. 날개를 말리면 우리가 아는 검은색에 가까운 매미가 되고, 날개도 팽팽해져서 날아간다. 그 후에는 나무 수액을 빨아 먹으며 짝을 찾아 헤매고 다닐 것이다.

알다시피 매미는 땅속에 사는 기간이 땅 밖으로 나와 사는 기간보다 훨씬 길다. 그러니 땅속 삶이 매미 본연의 삶인지도 모른다. 매미에게 땅속이 좋은지, 땅 밖이 좋은지 물어보지 않았으니 알 길이 없다. 오래 머무는 것은 그럴 만한 이유가 있기 때문이다. 힘든데 오래 머물 리 없다.

매미는 땅속에서 여름이 온 것을 어떻게 알까? 겨울잠 자는 뱀이나 개구리가 땅속에서 봄이 온 것을 어떻게 아는지도 궁금하다.

책을 보니 확실하지 않지만 실험 결과, 매미 애벌레가 먹는 나무뿌리 수액의 양이나 농도를 보고 시간이 흐른 것을 안다고 한다. 이른 봄에는 수액의 농도가 진하다. 여름에는 광합성을 하면서 뿌리가 물을 많이 빨

5m

4m 50cm

두 개

두 개 세 개 4m

매달린 높이도
제각각이다.
10cm에서 5m까지
골고루 매달렸다.
특별히 좋은 높이는
없나 보다.

3m

1.5m

60cm

10cm

30cm

구멍도 나무에서
거리가 제각각이다.
나무줄기 바로
아래부터 4m나
떨어진 곳에서 나온
구멍도 있다.

4m

나무 한 그루에 매미가 나온 구멍이 오십 개도 넘는다.
매달린 허물은 삼십여 개.
나머지는 잡아먹혔을까? 다른 나무에 올라갔나?
소나무 뿌리도 먹나보다. 송진이 나올 텐데?
아니면 옆에 있는 벚나무 뿌리가 소나무 아래까지
뻗은 건가?

07.27

아들이고 양분도 열심히 만들지만, 뿌리에 저장되는 양분은 적으니 그 농도가 조금 묽어질 것이다. 그 차이를 가늠하나 보다.

매미 허물이 발견되면 주변에 몇 개가 더 있을 것이다. 어느 것이 가장 낮게 매달렸고, 어느 것이 가장 높게 매달렸는지 봐도 재밌다. 높이 차이가 나는 까닭은 이렇다.

매미가 허물 벗을 즈음이 되면 산모가 아기 낳기 전에 양수가 터져서 산부인과에 가듯 밖으로 나온다. 아기가 언제 나올지 정확히 알 수 없듯이, 허물도 정확히 언제 벗겨질지 알 수 없다. 느낌으로 짐작해서 나왔고, 나무를 붙잡고 오른다. 어느 지점에서 드디어 등이 갈라지면 멈출 것이다. 그러니 높이 달린 매미 허물은 그 지점에 오르는 동안 등이 갈라지지 않은 거다. 산모로 치면 오래 진통한 셈이다. 정말 높이 달린 것은 5미터쯤 되고, 낮게 달린 것은 30센티미터도 안 되는 데 있다.

아기는 오래 진통하지 않고 일찍 낳는 것이 복이라는데, 매미는 어떤 게 복일까? 날개돋이(우화)하는 순간이 매미에겐 가장 위험하다. 가만있어야 하니 천적에게 노출되면 그대로 잡아먹힌다. 높이 문제가 아니라 주변에 은신할 곳 유무로 판단해야 할까? 너무 낮으면 개미에게 공격당할 것 같고, 살짝 높으면 새들이 낚아챌 듯하고, 그나마 가지가 복잡하게 얽힌 위쪽이 조금 나으려나? 잘 모르겠다. 매미 허물이 어느 높이에 가장 많은지 알아보면 그나마 정답에 가까울 듯하다.

매미 허물을 보면 드는 생각이 있다. 땅속에서 오랜 시간 살다가 어느 순간 이렇게 모습을 바꿔 날아가다니. 매미뿐만 아니라 나비나 나방도 그렇고, 물속에서 오래 살다가 날개가 생겨 하늘로 날아가는 잠자리나

실 같은 건 애벌레 때
기관지의 흔적이다.

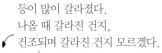

등이 많이 갈라졌다.
나올 때 갈라진 건지,
건조되며 갈라진 건지 모르겠다.

땅속에 살면서 수액을
빨아 먹기 때문에
입이 뾰족하다.
입에 흙이 묻었다.

말매미   참매미   애매미   털매미

등이 갈라졌는데 왜 날개돋이에
실패했는지 모르겠다.
모든 매미가 날개돋이에
성공하는 것은 아니다.
3년이나 기다린 시간이 허무하게
끝나기도 한다.

하루살이의 생태를 봐도 같은 생각이 든다.

　몇 년을 물속이나 땅속에서 특정한 형태로 살다가 어느 날 어느 순간 때가 됐다는 것을 알고 밖으로 나와 허물을 벗고 하늘로 날아가는 모습은 마치 《장자》의 〈제물론〉에 나오는 '곤'이 '붕'이 되는 것과 같고, '오상아吾喪我'라는 말을 연상케 한다. 내가 나를 죽이고 장사 지낸다, 즉 과거의 나를 과감히 버리고 새롭게 태어난다는 뜻이다. 매미를 우습게 볼 일이 아니다. 나보다 매미가 잘 실천하지 않는가!

　보는 사람이 그렇게 봐서 그런 거라고? 세상 어느 것이 그렇지 않은가? 쉽게 지나치거나 우습게 보느냐, 주의 깊게 봐서 새로운 것을 발견하느냐. 모든 것은 내가 보기 나름이다.

참매미
죽은 것을
주웠다.

머리와 등의 무늬가
무슨 부족의 가면 같다.
날개는 OHP 필름에
인쇄한 듯 선명하다.

나무줄기를 찌르는
주둥이가 튼튼하게
생겼다.

유지매미

일본이나 제주도에서 자주 본 매미다.
우는 소리가 '와르르르~' 기름 끓는 소리와 비슷해
유지매미라고 한다.
매미 날개는 대개 투명한데, 유지매미는
기름종이 색깔이라서 붙은 이름이라고도 한다.
후자가 더 일리 있다.

08.24

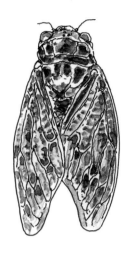

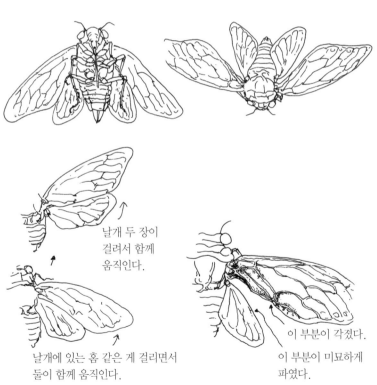

날개 두 장이
걸려서 함께
움직인다.

날개에 있는 홈 같은 게 걸리면서
둘이 함께 움직인다.

이 부분이 각졌다.

이 부분이 미묘하게
파였다.

17년 매미

이따금 땅속에서 17년을 사는 매미 이야기를 하며 대단하다고 하는데, 우리나라에는 없다. 우리나라에 서식하는 매미는 땅속에서 보통 4~5년 산다. 2004년 4월, 워싱턴을 비롯한 미국 동부 지역에 수조 마리나 되는 매미 떼가 나타났다. 17년 매미로, 2021년이면 그 매미를 다시 볼 수 있을지도 모른다.

매미가 흔히 1년, 2년, 3년, 5년, 7년, 11년, 13년, 17년 등 소수素數 해를 땅속에 있는 까닭은 천적을 피하기 위해서라고 한다. 천적의 발생 주기가 3년이고 매미가 5년이라면 15년마다 만나니 덜 잡아먹힌다는 것이다. 한꺼번에 엄청난 개체가 발생해서 잡아먹히더라도 일부는 살아남을 수 있기 때문이라고도 한다.

참고로 도토리나무가 격년결실隔年結實을 해서 들쥐의 개체 수도 변한다고 한다. 한 해에 도토리가 많이 열리면 들쥐는 새끼를 많이 낳는다. 그러나 이듬해 도토리가 갑자기 적게 열려 먹을 게 부족해서 많이 태어난 들쥐가 죽어 개체 수가 조절된다고 한다. 이렇게 열매가 해마다 많이 열리는 게 아니라 격년결실을 해서 천적의 개체 수를 조절하는 역할도 한다.

이런 측면에서 매미의 땅속 생활 주기 역시 천적의 개체 수 조절과 연관이 있고, 이렇게 생태계의 균형을 맞춰가는 것이라고 한다. 하지만 매미의 천적인 새나 말벌 종류는 발생 주기가 거의 없다. 새나 말벌은 해마다 비슷한 개체로 증식하니 그 까닭은 아닌 듯하다.

짝짓기나 먹이경쟁 등 동족 간에 경쟁을 피하기 위해서는 아닐까? 어느 매미는 3년 있다 나오고, 어느 매미는 5년 있다 나오고⋯ 그러다 보면 자기들끼리 겹치는 해가 드물어 경쟁을 최소화할 수 있다. 아무래도 이쪽이 더 일리 있어 보인다.

수컷만 운다

개구리도 그렇고, 곤충도 소리 내는 놈은 대부분 수컷이다. 소리내기는 암컷을 유혹하는 구애 행위다. 그래서 수컷과 암컷의 몸 구조가 다르다. 수컷은 소리 내는 기관이 배에 발달하지만, 암컷은 그렇지 않다. 어릴 때 암컷 매미는 울지 않아서 벙어리매미라고 불렀다. 수컷 역시 '맴맴맴' 하고 우는 게 아니라 '왕~' 하고 길게 우는데, 발음기관을 닫았다 열었다 해서 맴맴맴 소리로 들린다.

매미는 종마다 고유한 진동수로 울어서 짝짓기 한다는데, 같은 종끼리 아무나 짝짓기 할까? 그중에 더 유리한 존재가 있지 않을까? 연구 결과 큰 소리로 우는 게 유리하다고 한다. 큰 소리가 짝짓기에 유리하다면 매미 세계에서 수컷은 다 멋진 로커가 되어야 하나 보다.

매미는 물관을 찌를까, 체관을 찌를까?

양분을 먹어야 하므로 당연히 체관을 찌른다. 그리고 체관에 흐르는 양분에는 수분과 당분도 있어서 중간중간 오줌을 눠야 한다. 체관에 있는 질소는 잎보다 1/10~1/100밖에 안 되므로, 자기 몸무게의 200배 정도 수액을 먹어야 한다. 그 안에 포함된 필요 없는 것들은 오줌으로 버린다. 진딧물도 마찬가지인데, 매미 오줌에도 당분이 약간 포함되었다.

조용한 여름

2014년 여름, 다른 해보다 매미 소리가 적게 났다. 특히 도심에서 시끄럽게 울어대던 말매미 소리가 거의 나지 않았다. 학자마다 의견이 달랐다. 도심 환경이 말매미가 살기에 적합하지 않다는 것이다. 나무뿌리의 수액을 먹고 살아야 하는데 땅속에서 맘껏 먹을 만큼 나무뿌리를 발견하지 못하기 때문일 거라는 이야기, 장마가 늦어 매미가 한창 땅에서 나와 탈바꿈할 7월에 땅이 단단해 나오지 못했기 때문일 거라는 이야기…. 정말 그 때문인지, 우리가 익히 알듯이 발생 주기를 정확히 지키기 때문인지, 몇 년 뒤 매미 소리가 크게 들릴지 알아봐야겠다. 아직 소음이라고 할 만큼 크게 운 적은 없다.

혹시 매미도 이렇게 사라질까? 동네 공원에 매미가 나올 만한 나무 주변에 양탄자 같은 것을 깔아놓은 모습을 봤다. 그런 경우 매미는 뚫고 나오지 못한다. 매미 소리가 듣기 싫어서 그랬을까? 행여 그런 거라면 너무 잔인하다. 여름에 조금 시끄러워도 매미가 있는 게 좋다.

말벌 집

웅~ 소리에 고개를 들어보니 말벌 한 마리가 날아간다. 크기가 장수말벌 같다. 무서워도 따라가니 나무 구멍으로 쏙 들어간다. 그 안에 벌집을 만들고 살 것이다. 좀 더 다가가니 한 놈이 날 째려본다. 눈동자가 보이진 않았지만 그렇게 느꼈다. 자기 집을 지키려는 경계 자세다. "그래, 갈 거야" 하고 얼른 발길을 돌렸다.

크고 사나운 벌을 사람들은 말벌이라 부른다. 말조개, 말매미처럼 '말-'은 '큰'을 뜻하는 접두사다. 말이 다른 동물에 비해서 크기 때문일 것이다. 일본에서는 참새벌(스즈메바찌すずめばち, 雀蜂)이라고 한다. 보통 참새는 작은 것을 비유할 때 사용하는데, 아마도 벌이 새만 해서 그렇게 부르는 모양이다.

말벌이 집 짓는 과정을 보면, 나무껍질을 턱으로 씹어서 침과 섞어 죽처럼 만든 다음 이어 붙인다. 그 재료가 종이를 만드는 원료인 펄프다. 말벌은 인간보다 훨씬 먼저 종이를 만들어 썼다. 인류학자들은 인간이 종이를 만든 것도 말벌 집에서 힌트를 얻었으리라고 추측한다. 실제로 1700년대 프랑스의 과학자 레오뮈르René Antoine Ferchault de Réaumur가 우연히 말벌이 집 짓는 과정을 관찰하고, 〈벌집에 대한 보고서〉라는 논문을 발표한다.

이후 1800년대 네덜란드의 마티아스 쿱스Matthias Koops가 나무로 종이를 만드는 데 성공했고, 1940년대 독일의 기술자 프리드리히 켈러Friedrich Gottlob Keller가 셀룰로오스와 리그닌으로 구성된 나무를 조각

말벌
남산에서 주웠다.
장수말벌보다 조금 작다.
날개가 노란색을 띤다는 걸
그리면서 알았다.

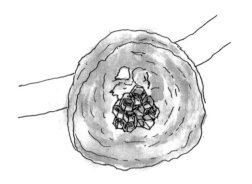

벚나무에 지은 말벌 집을 보려다
건드려서 그만 떨어지고 말았다.
펄프로 만든 덮개 안에 작은 벌집이 있고,
그 안에 애벌레가 몇 마리 있다. 미안….

집을 둘러싼 펄프 막.
만지면 종이 느낌이 난다.

05.28

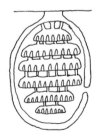

작은 벌집을 만들고
겉에도 약간
보호막을 친다.

벌집이 조금 커지고
보호막도 커진다.

벌집이 늘어나면 소반이 여러 개
쌓이고 그것을 이어 붙이면서
보호막도 점점 두껍고 커진다.

내서 셀룰로오스를 추출해 종이를 만드는 기술을 개발했다. 이른바 쇄목펄프다. 이로 인해 종이 생산량이 크게 늘고, 대량 인쇄가 가능해진다. 지식을 축적하고 후대에 전하는 책이 싼값에 대중에게 보급된 것은 어찌 보면 말벌 덕분이라고 할 수 있다.

그런 말벌을 우리는 무조건 재앙처럼 여긴다. 세상에 우리에게 재앙인 생물은 없다. 식물도 동물도 저마다 살아갈 뿐이다. 얼마 전 야생 하이에나와 별문제 없이 지내는 남자를 봤다. 어떤 여자는 사자와 친구처럼 지낸다. 그들에게 물으면 한결같이 길들이지 않고 야생 그대로 인정하고 신뢰를 쌓은 결과라고 답한다. 그들은 위험하다고 하지만, 그들의 생존을 위협하는 경우에 위험하다. 우리가 해를 끼치지 않으면 야생 동식물은 위험하지 않다. 그들의 영역에 들어가 제거하려고 하니 자기 영역을 지키고 새끼를 보호하기 위해 우리를 공격하는 것이다.

얼마 전에 TV 다큐멘터리 프로그램에서 말벌이 집 짓는 과정을 봤다. 온갖 정성을 기울여 집을 짓고, 육각형 방 안에서 깨어난 애벌레를 열심히 기른다. 집이 더우면 날갯짓을 하거나 물을 머금고 와서 뿌려 온도를 낮추며 정성스레 관리한다. 어느 날 개미들이 와서 애벌레를 다 물어 가는 바람에 집이 텅 비었다. 엄마 말벌(여왕벌)은 한없이 허망하고 슬퍼 보였다. 벌이 표정을 지을 수는 없지만 그렇게 느껴졌다. 심지어 눈물도 흐르는 듯했다.

그 후로 말벌 집을 함부로 떼지 않기로 했다. 말벌에 쏘이면 사망할 수도 있으니 없애야 하지 않느냐고? 조심하고 피하면 된다. 같은 벌인데 꿀벌은 좋아하고 말벌은 싫어하는 것도 아이러니다. 꿀을 주니까 좋고,

바위틈이나 지붕 아래 집을 짓는다.
어릴 때 아주 커다란 말벌 집을
처음 보고 미라인 줄 알고 놀랐다.

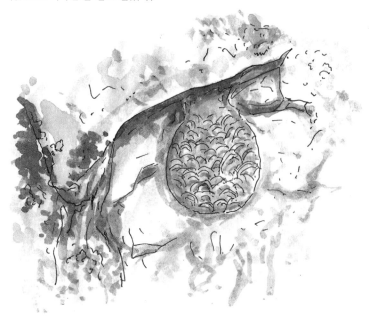

겉에 나이테처럼 얼룩진
땜질 같은 게 있다.
여러 가지 나무를 씹어서
만들다 보니 색깔이 다르다.

꿀을 주지 않으니 미운가. 안도현 시인은 〈너에게 묻는다〉라는 시에서 연탄재 함부로 차지 말라고 했다. 나는 말벌 집을 함부로 떼지 말라고 하고 싶다. 너는 누구에게 한 번이라도 정성스러웠는가.

벌집은 왜 육각형일까?

간단하다. 양이 같은 물질을 펴서 도형을 만들 때 면적이 가장 넓은 도형은 무엇일까? 원이다. 원이 되어야 면적이 가장 넓다. 정해진 밀랍으로 가장 넓은 공간을 조성하려면 원으로 만들어야 한다. 그런데 원의 형태를 이어 붙이면 틈이 생긴다. 애써 밀랍을 절약했는데 빈 틈이 생기면 헛일이다. 결국 원을 포기해야 한다.

불규칙한 형태와 크기로 만들면 가능하겠지만, 여러 마리가 동시에 벌집을 만들려면 똑같은 모양과 크기로 해야 하니 정다각형이 좋다. 정다각형 중에 빈틈없이 연속해서 붙일 수 있는 것은 정삼각형, 정사각형, 정육각형이다. 그중 원에 가장 가까운 것이 정육각형이다.

한편으로 육각형을 연속해서 붙이면 안정감이 있다. 비행기 날개의 내부도 벌집 구조라 튼튼하다. 벌이 이런 것까지 생각했을 리는 없고, 애벌레를 기르고 꿀을 채우기 위해 일정하고 용적이 큰 것을 추구하다 보니 자연스레 육각형이 되었지 싶다.

같은 양이라면 원이 가장 넓은 도형이다.

원과 원을 이어 붙이면 틈이 생긴다.

정육각형이 낭비가 가장 적고,
가장 많은 양을 담을 수 있는 도형이다.

애벌레

숲에 가면 구멍 난 나뭇잎이 많다. 구멍 난 나뭇잎은 애벌레가 다녀간 흔적이기도 하고, 지금 잎을 갉아 먹는 현장이기도 하다.

애벌레가 가장 많이 보이는 때는 5~6월이다. 그때가 먹을 게 많기 때문이다. 사람마다 수치는 조금씩 다르게 말하지만, 지구에 사는 동물 가운데 80퍼센트 정도가 곤충이라는 데 이견이 없다. 곤충이 지구에서 가장 번성한 동물이 된 데는 그만한 까닭이 있다.

첫째, 몸이 작다. 몸이 작으면 생명을 유지하는 데 에너지가 많이 들지 않아 조금만 먹어도 된다. 몰래 숨기도 좋다. 둘째, 날개가 달렸다. 날개가 있으면 짝짓기 하고, 멀리 이동하거나 천적을 피해 도망치기에 유리하다. 셋째, 알을 많이 낳는다. 넷째, 보호색을 띠거나 천적을 흉내 내는 등 자기를 보호하는 재주가 많다. 다섯째, 네 단계(알-애벌레-번데기-어른벌레)를 거쳐 다른 모습으로 산다.

네 단계 삶은 그때그때 환경에 적합한 몸의 형태를 갖춰 생존에 유리하다. 특히 애벌레 시기가 중요하다. 애벌레는 몸이 먹는 데 적합하도록 만들어졌다. 주로 식물의 잎을 먹는다. 햇빛을 이용해서 열심히 만들어 낸 양분을 가득 담은 초록 잎을 야금야금 갉아 먹으며 자기 몸속 에너지로 바꾼다. 그 에너지로 번데기가 되고, 어른벌레가 된다. 그래서 애벌레 시기에 잘 먹어야 한다. 어릴 때 누에를 키워봤는데, 뽕잎을 넣어주면 '쏴쏴' 빗소리가 난다. 그만큼 잘 먹는다. 종령(대개 5령) 애벌레가 먹는 양은 애벌레 기간을 통틀어 85퍼센트라고 한다.

움직일 수 없는 나무가 적의 공격에 대항하는 방법은 제한적이지만 강력하다. 가시, 강한 향, 끈끈한 유액, 먹으면 토하거나 죽는 독을 만들기도 한다. 나뭇잎과 애벌레는 나뭇잎이 독으로 애벌레를 물리치느냐, 애벌레가 나뭇잎의 독을 이겨내느냐 하는 관계로 볼 수 있다. 애벌레가 대부분 편식하는 것도 이 때문이다.

뒤흰띠알락나방 애벌레는 노린재나무 잎만 먹는다. 호랑나비 애벌레도 산초나무를 비롯한 운향과 나뭇잎만 먹는다. 애벌레가 편식하는 것은 독을 소화하려면 위에서 해독제를 분비하느라 에너지가 많이 소모되고, 다른 독을 이겨내기가 어렵기 때문이다. 나무도 마찬가지다. 애벌레가 못 오게 강력한 독을 만들려면 에너지가 많이 소모된다. 그래서 애벌레와 나뭇잎은 애벌레 때 적당히 먹고 먹히며 지내다가 어른벌레가 되면 꽃가루받이를 해주며 더불어 산다.

우리가 식물을 보호해야 하는 이유가 이런 먹이식물과 곤충의 관계에 있다. 먹이식물이 사라지면 그것을 먹는 곤충도 사라지기 때문이다. 식물과 초식동물의 관계도 그렇다. 식물이 사라지면 초식동물이 사라지고, 초식동물이 사라지면 육식동물이 사라지고, 결국 우리도 살 수 없다. 우리는 식물뿐만 아니라 애벌레와 고라니에게도 감사해야 한다. 애벌레와 초식동물이 식물의 잎을 먹어준 덕분에 식물이 독을 만들고, 우리는 그 독을 약으로 사용하기 때문이다.

솔방울을 주우려면 소나무 밑에 가야 하듯이, 어떤 애벌레가 보고 싶으면 그 애벌레가 먹는 식물을 살펴보자. 애벌레는 대부분 정해진 식물을 먹기 때문이다. 그러려면 애벌레 이름도 알아야 하고, 식물도 알아야

애벌레가 공격하고
벚나무가 수비한 흔적이다.
애벌레를 막느라
나무가 만들어낸 독이
우리에게는 약이 된다.
애벌레에게 감사해야 한다.

05.20

한다. 그 정도는 자연을 오래, 깊이 공부하는 사람들 이야기고, 우리는 지나다가 만나는 애벌레를 자세히 보고 사랑해주면 된다.

애벌레도 머리를 쓴다

애벌레도 여러 가지 방법으로 자기를 보호한다. 보호색을 띠는 기본적인 방법부터 독이나 털을 만들고, 천적 모양을 흉내 내고, 기절하거나 죽은 척하는 방법도 있다.

이 밖에 나뭇잎을 먹을 때 중간에 구멍을 내면 새에게 금방 눈에 띄기 때문에 가장자리를 갉아 먹는 전략을 쓴다. 새가 나타나 위험에 처하면 실을 토하며 점프해서 대롱대롱 매달리기도 한다. 순식간에 눈앞에서 사라지는 것이다. 공중에 대롱대롱 매달리면 원근법이 깨져서 애벌레가 있는 정확한 위치를 파악하기 어렵다.

갖춘탈바꿈과 안갖춘탈바꿈, 유리한 쪽은?

곤충의 탈바꿈에는 알-애벌레-번데기-어른벌레 단계를 거치는 갖춘탈바꿈(완전변태), 알-애벌레-어른벌레 단계를 거치는 안갖춘탈바꿈(불완전변태) 두 종류가 있다. 갖춘탈바꿈은 애벌레와 어른벌레는 번데기라는 중간 과정을 거치며 몸이 크게 변하고, 먹는 것과 사는 곳 등 생태도 많이 다르다.

갖춘탈바꿈과 안갖춘탈바꿈은 87:13 비율이라고 한다. 그렇다고 안갖춘탈바꿈이 불리하다고 할 수는 없다. 갖춘탈바꿈을 하는 곤충은 애벌레 때는 먹기에, 번데기 때는 몸의 변화에, 어른 벌레 때는 짝짓기에 적합한 모양을 하고 임무에 전념해서 시간과 에너지를 덜 소비한다.

먹는 양은 안갖춘탈바꿈을 하는 곤충이 갖춘탈바꿈을 하는 곤충보다 훨씬 많다고 한다. 애벌레와 어른벌레의 모양이 크게 다르지 않아, 먹는 것이 같고 많이 먹는다면 같은 곤충끼리 경쟁이 심해진다. 그럼에도 안갖춘탈바꿈을 하는 곤충이 여전히 존재하는 까닭은 뭘까? 일단 번데기 시기가 없어 몸의 변화를 위해 애쓸 필요가 없다. 번데기는 천적에게 노출되기 쉽고, 노출되면 바로 먹이가 된다. 이런 점 때문이 아닐까 싶다. 사마귀나 메뚜기처럼 안갖춘탈바꿈을 하는 곤충은 애벌레 때도 어른벌레와 비슷해서 애어른 같다고 할까, 철든 아이 느낌이다. 치열한 경쟁에서도 어릴 때부터 스스로 잘 살아간다.

개나리잎벌

애벌레가 잎을 먹어 구멍이 났는데, 다 먹지 않고 이동한 것이 자주 보인다. 잎을 죽이지 않고 둬야 나중에 또 먹을 수 있기 때문이라고? 아니다. 잎도 애벌레에 저항해서 독을 뿜는다. 잎이 먹히기 시작하면 잎 전체를 맛없게 만들거나, 먹힌 자리를 코르크화(목전화木栓化) 해 갈색으로 변하기도 한다. 그러니 애벌레가 먹다가 맛이 없어서 다른 잎으로 이동하는 것이다.

이따금 식물끼리 정보를 전달한다. 이쪽에 애벌레가 생기면 휘발성 물질로 다른 나무에 신호를 보내서, 잎을 맛없게 만들도록 한다. 정보를 전달하는 휘발성 물질은 에틸렌이나 살리실산메틸이다.

몽땅 갉아 먹힌 잎도 어쩌다 눈에 띈다. 잎이 방어기제를 작동하지 않았거나, 애벌레가 그마저 극복한 경우일 것이다. 개나리잎벌이 남김없이 먹어버린 개나리 잎을 가끔 본다. 저러다 개나리가 죽으면 어떡하나 걱정했다. 하지만 이른 봄에 난 잎이 죽어도 새잎이 나온다. 자율 생장을 하는 식물은 봄에 잎을 내고 여름에 한 번 더 잎을 낸다. 개나리도 자율 생장을 하기 때문에 걱정할 필요 없다. 어쩌면 자율 생장을 하는 식물은 이런 경우를 대비한 것인지 모른다.

건드리니 몸을
동글게 만다.

금방 다시 편다.

등에 털이
까실까실하다.

똥을 쌌다.

잎을 거의 다
먹었다.

개나리잎벌
떼로 모여서 개나리 잎을
다 갉아 먹는다.

05.19

땅바닥에
똥이 가득하다.

171

도롱뇽

남산에 도롱뇽이 산다면 믿을까? 남산도서관 옆 남산순환버스가 지나는 길을 따라 올라가다 보면 남산서울타워 200미터 전쯤에 오른쪽으로 흙길이 있다. 그 길로 잠깐 내려가면 웅덩이가 있는 작은 계곡을 만난다. 그곳에 개구리와 도롱뇽이 산다.

건강한 숲을 판단하는 기준은 주로 양서류가 얼마나 사는가 하는 점이다. 양서류는 숲 생태계에서 중간 위치를 차지한다. 숲에 양서류가 많다는 것은 양서류가 먹는 곤충과 양서류를 먹는 파충류나 조류도 많다는 뜻이다. 양서류는 물과 뭍을 오가며 사는데, 양쪽 다 건강한 곳이어야 살 수 있다.

도롱뇽 알은 물속에 있는 투명한 우무질로 된 알 덩이에 들었다. 알 덩이는 용수철처럼 꼬불꼬불하다. 도롱뇽은 홍수가 나도 알이 떠내려가지 않게 돌이나 나뭇가지에 알 덩이를 붙여둔다. 도롱뇽 알 덩이를 물에서 건지면 온도와 습도 변화 때문에 도롱뇽이 알에서 잘 깨어나지 못할 수도 있으니, 도롱뇽 알 덩이를 발견하고 관찰할 때는 그대로 물속에 두고 보는 게 좋다.

알 덩이가 우무질로 된 까닭은 알이 물에 떠내려가지 않게 어디에 붙여두기 좋고, 습도에 민감한 알과 새끼에게 일정한 습도를 유지해줄 수 있고, 새나 개구리 등 천적이 알을 먹지 못하게 하는 등 여러 가지가 있을 것이다. 알 덩이가 투명한 것은 물속에 있으면 보이지 않는 보호색 기능이 아닐까 싶다.

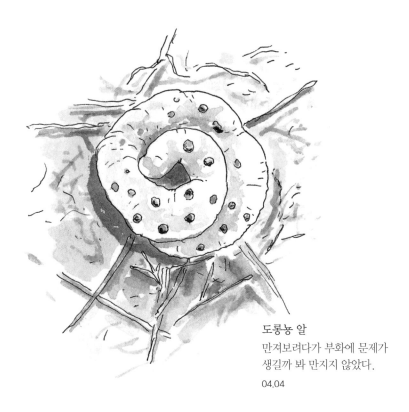

도롱뇽 알
만져보려다가 부화에 문제가
생길까 봐 만지지 않았다.
04.04

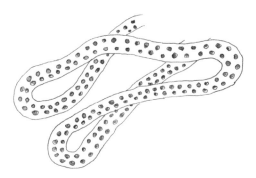

두꺼비 알
긴 끈처럼 생겼다.
길이가 16m에 이른다.

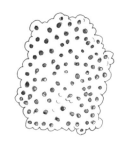

개구리 알
개구리는 대개 알을
뭉쳐서 낳는다.

파충류는 알껍데기가 발달한다. 물속이 아니라 육지에 알을 낳기 때문일 것이다.

도롱뇽은 야행성이라서 알은 보이지만 어미는 보이지 않는다. 모두 습한 낙엽이나 땅속에 있다. 고사리와 소철, 은행나무 등을 '살아 있는 화석'이라고 부르는데, 도롱뇽도 쥐라기 이전 트라이아스기 후기부터 살아온 생물이니 살아 있는 화석이라고 할 만하다.

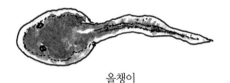

올챙이

도롱뇽 새끼

계곡이나 연못 속에 올챙이와 도롱뇽 새끼가 같이 있는 경우가 있다.
언뜻 보면 구별하기 어렵지만, 도롱뇽 새끼는 아가미 부분이
나뭇가지처럼 생겼다. 이것은 아가미가 아니고 '평형곤'이다.

청설모

걷다 보니 바스락 소리가 난다. 청설모다. 다람쥐는 귀여운데 청설모는 징그럽다고 하는 사람이 많다. 외모에 대한 주관적 느낌 때문이기도 하지만, 다람쥐는 토종이고 청설모는 도입종으로 잘못 알기 때문이기도 하다. 청설모도 토종이다. 원래 '청서'라 불렀고, 청서 털로 만든 붓을 청서모 붓이라 했다. 청서모가 청설모로 변했고, 지금은 청서와 청설모를 같이 쓴다. 도입종 동물 털로 붓을 만들지는 않았을 것이다.

청설모가 다람쥐를 잡아먹는다는 말이 있는데, 그럴 리 없다. 청설모도 다람쥐처럼 식물의 열매나 작은 곤충을 먹고 산다. 괜한 오해로 청설모를 혐오하지 않았으면 좋겠다.

청설모는 겨울잠을 자지 않아, 먹을 것을 구하느라 늘 분주하다. 특히 먹이를 구하기 어려운 겨울을 대비해 가을에 밤, 도토리, 호두, 잣 등 보관이 가능한 열매를 열심히 물어다 땅에 묻는다. 한곳에 많이 묻지 않고 여러 곳에 두세 알씩 나눠서 묻는다. 먹이를 묻은 장소가 여러 곳이다 보니 못 찾는 경우도 있고, 다 먹지 못하는 경우도 있다. 청설모가 족제비, 부엉이 등 다른 동물에게 잡아먹히거나 자동차에 치여 죽는 등 여러 가지 이유로 땅속에 묻은 열매에서 이듬해 싹이 나기도 한다.

이 이야기의 주인공을 다람쥐로 아는 이들이 많다. 다람쥐도 전혀 아니라고 할 수는 없다. 하지만 야생동물 전문가의 이야기를 빌리면 다람쥐는 자기 굴에 먹이를 모아놓고 나머지는 굴을 파서 묻는데, 굴의 수가 적고 굴을 깊이 파며 한곳에 많은 양을 숨겨서 잊어버리는 경우가 드물

다람쥐

청설모
다람쥐보다 몸집이 살짝 크다.
겨울이 되면 털이 많아진다.
도입종으로 아는데 그렇지 않다.

먹다 떨어뜨린 리기다소나무 솔방울
늘 갈색으로 변한 것만 봐서
청설모가 마른 솔방울을 먹는 줄 안다.
그럴 리 없다. 솔 씨가 들었을 때 먹어야 하니
솔방울이 벌어지기 전에 먹는다.
그러니 초록색일 때 먹는 게 맞다.
청설모도 딱딱해진 다음에 먹는 것보다
연할 때 먹는 게 좋다.

먹고 버린 지 며칠이 지나서 갈색으로 변했다.
06.22

고 잊어버린다고 해서 새싹이 돋아나기도 어렵다고 한다. 그러니 숲을 가꾸는 진짜 살림꾼은 청설모라고 할 수 있다.

늦여름부터 한겨울에 소나무 숲을 걷다 보면 바닥에 새우튀김 같은 것이 자주 보인다. 청설모가 솔방울 인편을 뜯어내고 그 안에 있는 솔 씨를 빼 먹은 흔적이다. 여물지 않은 솔방울은 초록색을 띠고, 인편도 굳게 닫혔다. 시간이 지나 가을이 되면 건조해져서 갈색으로 변하고 틈이 벌어진다. 그 틈으로 날개 달린 솔 씨가 바람을 타고 날아간다.

청설모 입장에서 이때는 늦고, 먹을 것도 별로 없다. 가을에는 많지만, 여름에는 이거라도 먹어야 한다. 익기 전에 인편을 뜯어 그 안의 씨를 먹고 나머지는 버린다. 그게 바닥에 떨어져 시간이 지나면서 갈변한 것을 우리가 일상에서 본다. 그때 떨어진 게 아니고 여름에 만들어진 흔적이다. 가끔 겨울철에 그 흔적을 보고 청설모가 겨울을 나기 위해 먹은 것이라고 하는 자연 선생님이 계신데, 그렇지 않다.

숲은 수다쟁이처럼 우리에게 많은 이야기를 해준다. '여기는 청설모가 지나갔고, 저기는 얼마 전에 멧돼지가 왔던 곳이야. 그 나무는 곧 죽을 거고, 이 꽃은 막 시들었는데, 열매를 맺었기 때문이야…' 이렇게 주저리주저리 얘기해준다. 그 이야기를 모든 사람이 듣는 건 아니다. 자연에 관심 있는 사람에게 들린다. 자연을 관찰하는 사람에게 자세히 들린다.

자연의 이야기가 듣고 싶다면 관심을 가지고 다가가고 관찰해야 한다. 마치 사건을 해결하려는 탐정처럼 증거를 빠짐없이 찾으려고 애써야 한다. 이런 습관이 하루아침에 들지 않겠지만, 하나씩 알아가다 보면 어느새 많은 것을 들을 수 있다. 이것이 자연과 친해지는 방법이다.

솔방울

솔방울로 재미난 실험을 해보자. 계곡물에 솔방울을 던져보자. 10분쯤
지나면 처음 모습과 달라지는 것을 알 수 있다. 솔방울이 점점 오므라들
어서 나중에는 아직 여물지 않은 솔방울 모양이 된다. 장미꽃처럼 활짝
핀 솔방울이 타원형으로 덜 익은 솔방울처럼 오므라든다.

솔방울
익기 전에는 입을
꼭 다문다.
08.04

열매가 익으면
갈색으로 변하며
건조되어 벌어진다.
안에 있던 날개 달린
씨앗이 밖으로 나온다.

비 오는 날 소나무에 달린 솔방울을 보면 모두 오므라들었다. 왜 그럴까? 솔방울에는 얇은 날개가 달린 씨앗이 들었다. 이 씨앗은 바싹 말라야 바람을 타고 날아갈 수 있다. 씨앗이 여물면 솔방울이 점점 건조해지는 것도 이 때문이다. 햇빛이 잘 닿는 가지 끝부분에 솔방울이 많이 달리는 것도 같은 이유인데, 이는 꽃가루받이를 쉽게 하기 위해 가지 끝부분에 암꽃이 피기 때문이기도 하다.

덜 여문 상태에서 솔방울이 벌어지면 익지 않은 씨앗은 동물의 먹이가 될 뿐, 날아가기 어렵다. 바람을 타고 잘 날아가려면 씨앗이 잘 건조되어야 한다. 씨앗이 건조되려면 몸 전체가 말라야 한다. 그래서 잘 건조되면 솔방울이 꽃을 닮은 모습으로 벌어지고, 습기를 머금으면 덜 익은 열매처럼 오므라드는 것이다. 동백나무나 참죽나무처럼 건조하면서 갈라지는 열매는 모두 물에 담그면 솔방울같이 오므라든다.

이런 성질을 아는 분들은 솔방울을 주워 깨끗이 씻은 다음, 물에 담갔다가 방 안에 놓는다. 솔방울이 딱딱 소리를 내며 천천히 말라서 벌어진다. 솔방울 천연 가습기다.

마른 솔방울을 물에
담그고 10분 정도 있으면

덜 익었을 때처럼
오므라든다.

"입구가 좁은 유리병에
솔방울을 어떻게 넣었을까?"
퀴즈를 낼 때
이 현상을 이용한다.

06.22

여러 가지 솔방울

소나무처럼 바늘잎나무에 열리는 열매를 구과라고 한다. 딱히 열매마다 부르는 이름이 없어서 그냥 솔방울이라고 한다. 잎갈나무 열매를 잎갈나무 솔방울이라고 부른다. 주변에서 자주 눈에 띄는 여러 가지 솔방울을 모아보았다.

메타세쿼이아 솔방울

잎갈나무 솔방울

리기다소나무 솔방울

낙우송 솔방울

스트로브잣나무 솔방울

전나무 솔방울

인편이 다 날아가면 촛대처럼
열매 축만 남는다.

독일가문비 솔방울

솔방울

솔방울 밑에서 본 모습

백송 솔방울

잣나무 솔방울

측백나무 솔방울

익으면 이렇게 된다.

편백 솔방울

익으면 이렇게 된다.

개잎갈나무 솔방울

여물기 전 개잎갈나무 솔방울

양지나무와 음지나무

앞서 애국가에 나오는 남산이 서울 남산이 아니라 우리나라 모든 동네 앞산이라고 말했다. 서울에도 남산이 있고, 서울 남산에도 소나무가 있다. 하지만 남산의 북쪽인 사대문 안쪽 산기슭에는 소나무가 별로 보이지 않고, 남쪽인 한강 쪽에 소나무 숲이 발달했다. 왜 그럴까?

나무는 저마다 성격이 다르다. 특히 햇볕에 민감한데, 햇볕을 충분히 받지 못하면 죽는 나무가 있다. 그런 나무를 양지나무(양수陽樹)라고 한다. 햇볕을 적게 받아도 살 수 있는 나무는 음지나무(음수陰樹)라고 한다.

특정한 나무가 정확히 그 모습이라기보다 그런 성향이 있다고 보는 게 맞다. 소나무는 양지나무 성향이 강하고, 참나무 종류는 음지나무 성향이 강하다. 볕이 잘 들지 않는 북쪽에 소나무가 드문 것은 당연하다. 다른 숲에도 산 정상이나 남쪽 사면에 소나무가 많다. 물론 북쪽 사면이라도 다른 나무들에 덮이지 않으면 소나무가 살 수 있다.

같은 장소에 소나무와 참나무가 산다면 어떤 일이 벌어질까? 햇볕이 부족해도 잘 사는 참나무가 소나무를 덮어 결국 소나무는 죽는다. 숲의 천이 단계로 보면 참나무나 서어나무처럼 음지나무 성향이 강한 나무가 극상림을 이룬다.

소나무도 굴참나무처럼
열매가 2년에 걸쳐 익는다.
우리가 흔히 보는 솔방울은
씨앗이 날아간 3년 차
솔방울이다.

06.08

꽃가루받이 된 암꽃.
즉 올해의 솔방울이다.

암꽃

05.13

올해 새로
나온 잎

지난해 꽃가루받이 된
2년 차 솔방울.
올가을에 여물 것이다.

지난해 나온 2년 차 잎

지지난해 만들어진 3년 차 솔방울.
솔 씨가 다 날아가고 비었다.

지지난해 나온 잎. 거의 다 졌다.
솔잎 수명이 약 2년이란 것을 알 수 있다.

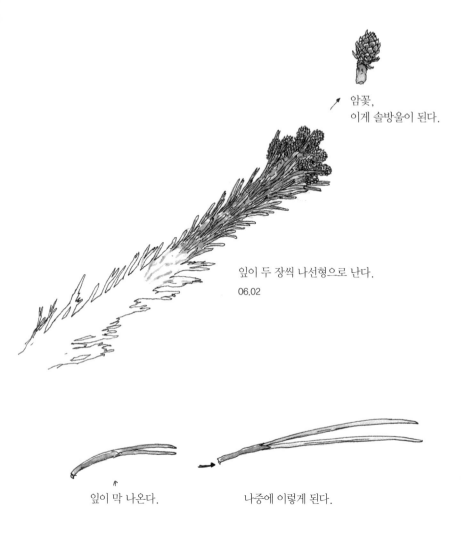

암꽃,
이게 솔방울이 된다.

잎이 두 장씩 나선형으로 난다.
06.02

잎이 막 나온다.

나중에 이렇게 된다.

두 잎을 모으면 단면이 원이다.
원을 반으로 나눠서 두 잎이 되는 거다.
잣나무 잎도 원을 다섯 갈래로 나눈 듯이 생겼다.
자세히 보면 새로운 것을 알 수 있다.

수꽃
새순이 나오고 얼마 안 있어
수꽃이 노랗게 핀다.

암꽃
수꽃이 말라가면 위에 새로
잎이 나고, 암꽃도 나온다.

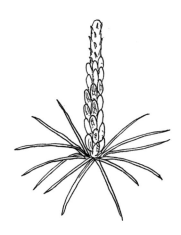

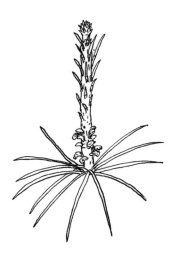

소나무도 암꽃과 수꽃이 한 나무에 같이 있다.
다른 나무들이 제꽃가루받이를 막기 위해서
암꽃과 수꽃이 피는 시간을 조절하듯, 소나무도 그렇다.
먼저 수꽃이 아래쪽에 노랗게 피고, 수꽃이 수명을 다하면
새 가지 끝에 암꽃이 핀다. 이때 공기 중에 있던
수꽃 꽃가루가 암꽃에 묻어서 꽃가루받이된다.
봄에 길가나 자동차 위, 고인 물 등 여기저기
노란 가루가 가득할 때가 있다. 소나무 꽃가루다.
물론 소나무 꽃가루만 있는 건 아니다.
바람을 이용해 꽃가루를 멀리 보내려는
식물의 꽃가루가 섞였다.

신갈나무

남산 하면 소나무가 떠오르지만, 지금은 신갈나무가 대세다. 신갈나무는 참나무 종류다. 남산뿐만 아니라 우리나라 산에 가장 많은 나무가 신갈나무다. 예전에 우리나라 산에는 소나무와 진달래가 많았다. 소나무와 진달래는 산성토양에서 잘 자란다. 즉 숲 속 토양이 건강하지 않은 상태에서 자라는 수종이다. 과거 우리나라 숲은 황폐하고 척박했지만, 지금은 산림이 복구되고 건강해졌다. 이런 곳에서 소나무나 진달래가 많이 자랄 수 없다. 다른 수종이 자라면서 그 자리를 뺏기 때문이다. 진달래와 소나무에게는 안타깝지만, 숲이 건강해지니 반가운 일이다.

신갈나무는 특히 음지나무에 가깝다. 음지나무는 햇볕이 적어도 잘 자라기 때문에 소나무와 햇볕 경쟁에서 우위를 점한다. 물론 음지나무도 햇볕이 많으면 잘 자란다. 햇볕 아래서 모두 잘 자라고, 음지나무는 햇볕이 없을 때도 잘 자란다. 내음성耐陰性이 있어 우위를 점하는 신갈나무에게서 남들과 다른 삶이 유리할 수 있다는 것을 배운다.

신갈나무는 참나무다. 참나무는 나무 이름이 아니고 참나뭇과 나무의 통칭이다. 참나무 종류는 여럿이 있는데, 남쪽 해안가에 있는 가시나무 종류를 빼면 여섯 가지(굴참나무, 떡갈나무, 상수리나무, 갈참나무, 졸참나무, 신갈나무)다. 비슷비슷한 것 같아도 잘 보면 잎 모양, 나무 모양, 도토리가 다르게 생겼다. 요즘 도심에는 루브라참나무와 대왕참나무를 수입해서 심어, 더 많은 참나무를 볼 수 있다.

신갈나무 잎과 도토리
08.18

갈참나무 잎과 도토리

09.30

굴참나무 잎과 도토리
도토리가 2년에 걸쳐 여문다.
08.31

올해
여기부터
자랐다.

새로 생긴 도토리

지난해
만들어진
도토리

상수리나무 잎과 도토리

잎으로 구별하기

먼저 길쭉하고 잎가장자리에 바늘 같은 톱니가 있으면 굴참나무나 상수리나무다.
상수리나무가 좀 더 뾰족한 모양이다.
길쭉하지 않은 것 중에 잎자루가 긴 것이 졸참나무와 갈참나무,
잎자루가 짧은 것이 신갈나무와 떡갈나무다.
잎자루 긴 것 중 작은 것이 졸참나무, 잎자루가 짧은 것 중 큰 것이 떡갈나무다.

굴참나무　　상수리나무　　졸참나무　　갈참나무　　신갈나무　　떡갈나무

여러 가지 도토리

떡갈나무 도토리　　　　굴참나무 도토리　　　　상수리나무 도토리

졸참나무　　갈참나무　　신갈나무　　가시나무　　대왕참나무　　루브라참나무
도토리　　　도토리　　　도토리　　　도토리　　　도토리　　　　도토리

바늘잎나무와 넓은잎나무 이야기

나무는 크게 바늘잎나무와 넓은잎나무로 나눌 수 있다. 둘은 성격이 많이 다르다. 바늘잎나무는 겨울이 길고 추운 지방에 적응한 나무로, 그 숫자가 점점 줄어든다. 전 세계에 약 500종, 우리나라에는 약 50종이 있다. 눈이 많이 오면 나무에 쌓인다. 잎이 넓고 나무 모양이 둥그스름하면 아무래도 눈이 많이 쌓인다. 눈의 무게에 나뭇가지가 부러지기 때문에, 넓은잎나무는 눈이 올 무렵에 잎을 떨어뜨려서 눈이 쌓이지 않게 한다. 바늘잎나무는 나무 모양을 삼각형으로, 잎을 바늘잎으로 만들어 눈이 덜 쌓이게 한다.

가는 잎마다 진액을 흐르게 해서 어는점을 낮춰 쉬 얼지 않고, 겨울에도 광합성을 계속할 수 있다. 넓은잎나무는 광합성 효율이 좋다. 그 말은 증산작용이 활발하다는 뜻이다. 참나무 한 그루가 한여름 증산하는 수분이 하루에 400ℓ나 된다니 어마어마하다. 바늘잎나무는 광합성 효율이 낮은 편이라 물도 적게 사용한다. 겨울에는 땅이 얼면서 수분 흡수가 원활하지 않다.

넓은잎나무는 빨아들여야 할 물이 많기 때문에 겨울에 광합성을 하기 어렵다. 바늘잎나무는 적은 양이지만 겨울에도 광합성을 한다. 한여름 광합성 양은 넓은잎나무에 비할 수 없지만, 1년 내내 잎이 달려서 총량은 큰 차이가 나지 않는다. 어느 것이 유리하다고 말하기 어렵다. 환경에 맞게 적응한 결과이기 때문이다. 지구가 점점 더워진다고 한다. 아무래도 요즘은 넓은잎나무에 비해 바늘잎나무가 불리하다.

때죽나무

조금 걷다 보면 나무껍질이 매끈하고 줄기가 잘 뻗은 나무가 보인다. 키는 그리 크지 않지만 작은키나무도 아니다. 흰 별 모양 꽃이 종처럼 아래쪽으로 달리고, 향이 물씬 풍긴다. 때죽나무다. 열매가 하얗고 동그래서 마치 중이 떼로 모인 것 같다고 떼중나무라고 하다가 때죽나무가 되었다고도 하고, 열매를 돌로 찧어 물에 풀면 물고기들이 떼로 죽어서 떼죽나무라고 하다가 때죽나무가 되었다고도 한다.

하지만 어느 하나 명확한 근거는 없다. 중이 떼로 모였으면 중떼나무, 물고기를 잡았으면 어살나무라 해야지 때죽나무는 말이 안 된다. 전라도 사투리로 때를 민 것을 때죽이라고 한다. 때죽나무 껍질을 손으로 문지르면 때 같은 게 일어나서 때죽인지도 모른다. 나무 이름이 다 그렇다. 이런 말도 있고, 저런 말도 있어서 어느 것이 정답이라고 하기 어렵다. 다음에 이 나무를 보고 잊어버리지 않으면 된다.

때죽나무는 산의 초입에 있다. 척박한 환경이나 사람이 간섭하는 곳에서도 잘 자라, 도시 근처에서 자주 보이는 나무다. 때죽나무 꽃처럼 아래를 향해 피는 꽃은 거꾸로 매달리는 동작을 잘하는 벌에게 특혜를 준다. 나비나 나방, 풍뎅이 등은 오지 말고 벌만 오라는 것이다.

쪽동백, 금강초롱, 은방울꽃, 얼레지 등 때죽나무 외에도 꽃이 아래를 향해 피는 풀과 나무가 여럿이다. 벌을 위한 꽃이다. 나비도 오지만 벌이 훨씬 많다. 반대로 해바라기처럼 위를 향하고 커다랗게 생긴 꽃은 많은 곤충이 모여들게 해서 꽃가루받이 확률을 높인다.

05.08

암술
수술

주로 다섯 갈래로
갈라지는데
여섯 갈래나 네 갈래로
갈라지는 꽃도
심심찮게 볼 수 있다.
자연은 반드시 100%를
유지하지는 않는다.
뭔가 다른 것을 만들어
항상 달라지는 환경에
준비하는 것 같다.

05.18

까보니 도토리 같은
열매가 나왔다.

때죽나무 열매
겨울이라 그런지 쭈글쭈글하다.
겉껍질이 터지면서 안에 있는 씨앗이 드러났다.

깨물어보니 약간 쓰면서 고소하다.
끝 맛은 쎄하다.

때죽나무에 간혹 바나나 모양 다발이 뭉쳐서 꽃처럼 보이는 것이 달린다. 열매나 꽃이 아니고 벌레혹(충영蟲癭)이다. 진딧물이나 혹벌 등 작은 곤충은 알을 낳기 위해 알집이 필요하므로 식물을 괴롭힌다. 식물이 몸에서 특별한 것을 만들어주는데, 이게 바로 벌레혹이다. 곤충은 여기에 알을 낳는다.

나무에게 전혀 도움이 되지 않을 것 같지만, 타협한 결과물이라고 할 수 있다. 긴 안목으로 볼 때 식물에게 그 곤충이 필요할지도 모른다. 의미 없는 행동은 없을 테니까. 때죽나무가 많은 것으로 보아 남산은 아직 완전히 건강한 숲이 아니다.

때죽나무도 동백꽃?

김유정의 단편소설 〈동백꽃〉에 나오는 동백꽃은 우리가 아는 붉은 동백꽃이 아니다. 김유정은 춘천 사람이다. 남해안 바닷가에서 자라는 동백이 강원도 산골에 있을 리 없다. 강원도에서는 생강나무를 동백이라고 부른다.

"아우라지 뱃사공아 배 좀 건너주게 싸릿골 올동백이 다 떨어진다…." 정선아리랑에 나오는 올동백이 바로 생강나무다. 동백 열매 대신 생강나무 열매를 짜서 기름을 얻었고, 쪽동백 열매도 기름을 짰다. 쪽동백과 비슷한 때죽나무 열매도 당연히 기름을 짰다. 모두 동백을 대신한 나무고, 동백이라고 불린 나무다.

쉬나무

남산타워가 보인다. 정확한 이름은 남산서울타워로, N서울타워라고
도 부른다. 느티나무가 서울 한양도성 성곽과 멋지게 어우러진다.

조금 더 올라가 팔각정에서 잠시 숨을 고르며 주변을 살피는데, 뭔가
이상하다. 분명히 커다란 쉬나무가 한 그루 있었는데…. 나무껍질이 어
두운 회색이고 매끈하며, 나무 모양도 옆으로 멋지게 퍼졌는데 왜 베어
냈을까?

쉬나무는 꽃이 아름답고 꿀이 많아 영어로 Bee-bee tree라고 한다.
한약재나 목재로도 사용하지만, 기름을 짜는 나무로 유명하다. 씨앗으로
기름을 짜는데, 머릿기름이나 불을 피우는 데 쓰였다. 옛날 양반가에서
는 등잔불을 피워 글공부를 해야 하니 기름이 많이 필요했다. 참깨, 아주
까리, 동백 등 기름을 짜는 다른 식물에 비해 기름 양이 많고 맑아 그을
음도 없었다고 한다. 다 자란 나무 한 그루에서 씨앗이 약 15킬로그램 나
온다니, 기름 양도 꽤 될 만하다.

쉬나무 열매
08.15

쉬나무
01.05

쉬나무는 봉수대에서도 볼 수 있다. 서울 남산뿐만 아니라 봉수대가 있는 곳 주변에 대부분 쉬나무가 있다. 쉬나무는 열매가 많으니 그 기름으로 등불을 켜거나, 봉수대에서 불씨를 관리하는 데 필요했을 것이다. 쉬나무는 봉수대를 연상케 한다. 우리는 나무와 함께하기 때문에 나무의 존재는 우리 삶의 흔적이자 역사가 된다. 이것을 알았다면 남산 팔각정 주변의 쉬나무는 베지 않았을 텐데 아쉽다. 남산 주변에 그 나무의 자손으로 보이는 쉬나무가 군데군데 있어서 그나마 다행이다.

화장실 앞에 심는 나무는? 쉬나무. 이런 말장난이 있을 정도로 특이한 이름이다. 쉬나무의 어원은 정확하지 않다. 중국의 오수유吳茱萸에서 오 자가 빠지고 수유로 불리던 것이 줄어 쉬나무가 됐다고 보는 게 일반적이다. 한자를 보니 수유나무 수에 수유나무 유다. 이런 경우 참 허망하다. 기름과 관련이 있고 이름에 '유' 자가 있는 걸 보면, 기름 유油 자일 수도 있지 않을까 싶다. 기름이 나오는 나무면 유수油樹라고 했을 텐데, 수유가 된 걸 보면 아닐 수도 있다. 단풍나무, 물푸레나무와 같이 마주나기로 유명하다.

편마암

　풀과 나무가 자라는 산은 흙과 부엽토로 덮였지만, 더 깊은 지층은 돌이다. 이를 모암이라 한다. 모암이 겉으로 드러나면 풍화작용에 의해 갈라지고 쪼개져서 돌이 되고, 모래가 되고, 마침내 흙이 된다.

　우리나라의 산은 대부분 화강암이 모암이다. 예부터 우리나라에서 화강암을 건축 재료로 쓴 것도 이 때문이다. 석굴암의 부처님, 불국사의 다보탑과 석가탑, 궁궐 건축에 쓰인 석재도 대부분 화강암이다. 서울도 예

외는 아니어서 주변 산의 모암은 거의 화강암이다. 청계산과 남산은 특이하게 모암이 편마암이다. 서울 한양도성도 대부분 화강암으로 쌓았는데, 남산 성곽은 편마암으로 쌓았다. 주변에서 구하기 쉬운 돌로 쌓다 보니 그랬을 것이다.

모암이 다르니 당연히 그 돌이 풍화되어 생긴 흙도 다르다. 화강암보다 편마암이 풍화된 토양이 식물의 생장에 좋다고 한다. 서울 도심에 있어서 그렇지, 원래 남산은 식물이 살기 좋은 토양이었다. 서서히 그 본래 모습을 찾아가는 것 같다. 많은 식물이 살고, 과거에 비해 훨씬 건강한 남산을 만날 수 있으면 좋겠다.

건강한 숲

숲이 건강한지 알아보는 방법이 여러 가지 있다. 간단한 방법을 몇 가지 살펴보자. 숲이 건강하다는 말은 다양한 생명체가 생태계를 이룬다는 뜻이다. 그래서 먼저 동물을 찾아보는 방법이 있다. 개구리나 뱀이 있으면 건강한 숲이다. 개구리는 물과 뭍에서 살기 때문에 물도 땅도 건강해야 한다. 무엇보다 먹을 게 많아야 한다. 개구리는 주로 곤충을 잡아먹는다. 곤충이 많은 것도 숲이 건강하다는 증거다.

한편으로 개구리를 먹기 위해 뱀, 너구리, 맹금류 등 다양한 포식자가 나타난다. 그 숲은 건강한 숲이다. 생태적 지위가 중간쯤에 속하는 동물을 찾아내면 그 동물이 고리 역할을 하기 때문에 다른 동물도 산다고 볼 수 있다. 다양한 동물이 사니 건강한 숲이다.

동물은 발견하기가 쉽지 않아, 식물로 판단하는 방법이 있다. 아주 간단하다. 숲을 걷다가 멈춰서 가로와 세로가 10미터쯤 되는 정사각형을 눈으로 그린다. 그 정사각형 안에 풀과 나무 종류가 얼마나 많은지 살펴본다. 이파리 모양이 다른 나무가 몇 종류나 있는지 살펴보면 된다. 바닥의 이끼부터 고사리, 작은키나무, 중간키나무(소교목), 큰키나무 순서로 빈틈없이 있는지 보는 것이다.

일부러 조림을 해서 단일 수종이 많은 숲도 있다. 그런 경우 나무 이파리가 얼마나 건강하고 튼실하게 자라는지 본다. 아울러 어린나무를 찾아보고, 연령대가 다양한 나무가 골고루 자라는지 살펴본다. 그런 숲이라면 세대를 이어 지속성을 유지하면서 보존되어 건강한 숲이라고 판단

할 수 있다.

　중간중간에 죽은 나무나 쓰러진 나무가 있는 것도 좋다. 언뜻 생각하면 해로워 보이지만, 나무가 죽으면서 더 많은 동물과 관계를 형성한다. 특히 곤충과 많은 관계를 맺는다. 나무가 죽고 썩어야 곤충이 그 안에 알을 낳고 산다. 죽은 나무도 적당히 있어야 건강한 숲이다.

낙엽 틈에서 어린나무가 고개를 내밀었다.
이 숲의 미래다.

남산의 보물

누구나 어릴 때 소풍 가서 보물찾기 한 기억이 있을 것이다. 잘 찾지 못해서 늘 아쉬웠다. 우리 주변에 보물이 많다. 당장 눈앞에 금덩이나 돈이 있다면 그게 보물이지만, 무인도에 혼자 산다면 금덩이와 생수 한 병 가운데 보물이 뭘까? 우리가 살아가는 데 없어선 안 되는 것이 진정한 보물 아닐까?

그런 면에서 빛, 산소, 물, 소금뿐만 아니라 흙, 풀, 나무, 곤충 등 자연이야말로 우리에게 꼭 필요한 보물이다. 하지만 우리는 귀한 줄 모르고 산다. 가족이 늘 곁에 있어서 소중한 줄 모르는 것처럼.

몇 년 전 남산을 산책하다가 도롱뇽 알을 보고 깜짝 놀랐다. '남산에 도롱뇽이 있다니, 남산이 이렇게 건강한 산이란 말인가?' 하고 남산의 생태에 관심이 많아졌다. 복원한 것이라는 말을 듣고 그때의 흥분은 가라앉았지만, 최근에 지의류를 발견하고 깜짝 놀라 가슴이 두근거렸다. 다른 사람도 알까? 나만 아는 것 아닐까?

지의地衣는 '땅의 옷'이란 뜻이다. 바위나 나무 등에 붙어 얼룩덜룩 멋진 무늬를 만들어서 옷처럼 보인다. 지의류는 언뜻 보면 이끼와 헷갈린다. 시골집 기왓장에 너덜너덜하게 붙은 것으로, 조류와 균류의 공생체다. 두 생물이 한 삶을 공유한다. 균류는 수분을 흡수하고, 조류는 광합성을 한다. 이런 지의류가 왜 보물일까?

지의류는 지표생물이라고 한다. 지표생물이란 특정 지역의 환경 상태를 잘 나타내는 생물로, 지의류는 대기오염 정도를 나타낸다. 대기가 건강하지 않으면 절대로 살 수 없는 생명체다. 그런 지의류를 남산에서 찾아냈다! 도심 가로수에서 지의류를 찾기 어려운데, 서울 도심에 있는 남산에서 지의류를 발견한 것이다. 남산은 적어도 지의류가 살 수 있는 환경이 되었다. 놀랍다.

왠지 비밀을 하나 간직한 듯 웃음이 난다. 남산에 지의류가 산다. 보물 같은 지의류.

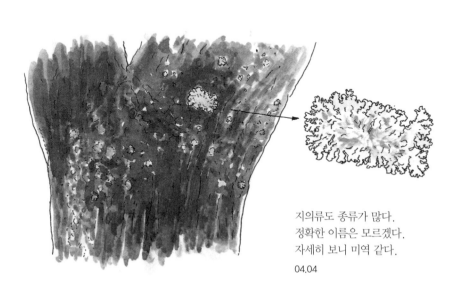

지의류도 종류가 많다.
정확한 이름은 모르겠다.
자세히 보니 미역 같다.

04.04

5장

숲다운 숲,
북한산

우리나라 사람들이 가장 많이 찾는 북한산

가기 쉽고 오르기 편한 산을 둘러보았다면, 시간 내서 조금 먼 곳에 가도 좋다. 수도권에 사는 이들은 북한산에 꼭 가보기 바란다. 북한산은 전 세계에서 단위면적당 찾아오는 사람이 가장 많은 산으로 《기네스북》에 올랐다. 그만큼 사람들이 좋아하는 산이다.

수도권에 이렇게 높고 멋진 산이 있는 나라도 없다고 한다. 우리는 자주 보는 풍경이라 자연스럽게 받아들이지만, 외국인은 서울 북쪽에 자리 잡은 북한산을 아주 아름답게 느낀다. 과거에는 경복궁이나 인사동 구경을 주로 했는데, 요즘은 북한산도 자주 가는 모양이다.

북한산은 높이가 적당하고 다양한 생명체가 살며 중간중간 계곡이 있어서, 언제 가도 아름답고 건강에 도움을 주는 산이다. 서울에 사는 사람은 물론 다른 지역에 사는 사람도 버스나 지하철로 닿는 곳에 동네 뒷산보다 크고, 제법 큰 나무가 자라며 계곡도 있는 산에 가보면 좋다. 북한산에서 비로소 숲다운 숲을 볼 수 있다.

봄 단풍

봄에 웬 단풍? 봄 숲 빛깔이 그만큼 아름답기 때문이다. 어린아이에게 나뭇잎이 무슨 색이냐고 물으면 초록색이라고 답한다. 어른 중에도 그렇게 말하는 사람이 많다. 나뭇잎이 다 같은 초록색일까? 아니다. 나무마다 이파리 색이 조금씩 다르다. 노랑에 가까운 연두, 연두, 진한 연두, 밝은 녹색, 진한 녹색, 흔히 카키색이라고 하는 암녹색까지 녹색도 종류가 아주 많다.

벚나무나 생강나무처럼 잎보다 꽃이 먼저 피는 나무도 있어서 봄 숲은 다양한 빛으로 아름답다. 그래서 봄 단풍이라고 한다. 다시 말해 여러 가지 나무가 있다는 뜻이다. 종류가 무엇이든 다양한 식물이 산다는 것은 숲이 건강하다는 증거다.

동네 뒷산은 아무래도 사람이 꾸며서 가꾼 공간이 많다. 단순림으로 넓게 조성된 곳도 있다. 조금 벗어나서 만나는 북한산처럼 큰 산은 그 자체의 기후와 생태 환경을 만들어 건강한 숲을 보여준다. '다양성'은 자연 생태계에서 가장 중요한 단어인지도 모른다.

숲의 문

매표소가 보인다. 국립공원은 이제 입장료를 받지 않지만, 방문객 숫자를 파악하기 위해 문을 만들었다. 문이 있으면 나도 모르게 '이제 들어서는구나'라는 생각이 든다.

숲에 들어설 때도 그렇다. 맑은 공기가 맞아주고, 여러 가지 새소리, 물소리와 바람 소리가 반겨준다. 초록의 향연까지 펼쳐지면 답답하던 가슴이 트이며 편안해진다. 입장료를 내도 아깝지 않다. 숲에 들어서면 '숲아, 고맙다!' 하고 마음속 입장료를 내보자.

초살도

정릉 매표소를 지나 오르면 맑은 물이 흐르는 계곡 쪽으로 가지를 뻗은 벚나무가 나타난다. 꽤 길게 뻗었다. 가끔 나무를 그리다 보면 조금 어색하게 그려진다. 뻗은 가지가 자연스럽지 못할 때 그렇다.

나무 종류에 따라 전체적인 나무 모양이 다르지만, 가지가 뻗어나가는 모양새도 제각각이다. 어느 것은 곧고, 어느 것은 구불구불하다. 그것을 모두 그림으로 표현하기는 쉽지 않다. 전체적인 나무 모양 말고 나뭇가지가 뻗은 모양에서 굵기를 나타내는 말이 초살梢殺이다. 그 정도를 표시하는 것을 초살도 혹은 초살계수taper coefficient라고 한다.

밑동이 아주 굵은데 가지는 갑자기 가늘어지는 나무가 있고, 밑동과 가지 굵기가 크게 다르지 않은 나무도 있을 것이다. 몇몇 나무를 빼고는

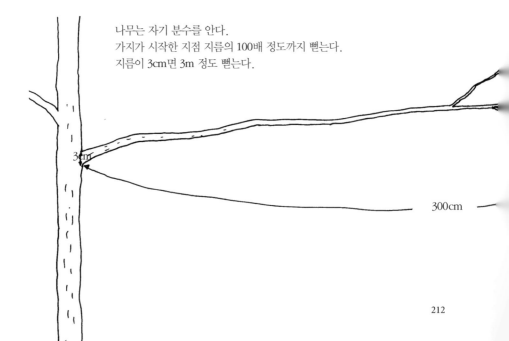

나무는 자기 분수를 안다.
가지가 시작한 지점 지름의 100배 정도까지 뻗는다.
지름이 3cm면 3m 정도 뻗는다.

3cm

300cm

대부분 초살도가 비슷하다. 예를 들어 나뭇가지가 시작하는 지점이 지름 10센티미터라면, 그 나뭇가지는 10미터 정도 뻗는다. 나뭇가지 굵기를 그렇게 그려야 좀 더 자연스럽다. 나뭇가지에 지지대를 대면 더 길게 자랄 수 있다.

위로 자라는 원줄기는 좀 다르다. 아무래도 중력을 거슬러서 그런 모양이다. 뿌리는 줄기보다 가볍게 뻗을 수 있어서 초살도가 낮다. 보통 나무줄기와 뻗은 가지만큼 땅속에도 뿌리가 뻗었다고 하는데, 실제로 뿌리가 훨씬 더 깊고 넓게 뻗었다.

초살도가 높다는 것은 가지가 급하게 가늘어진다는 뜻이다. 그래서 바람과 추위에 더 안전하다. 고산 지방 나무들이 가지가 짧은 것도 바람과 추위의 영향을 받기 때문인 듯하다.

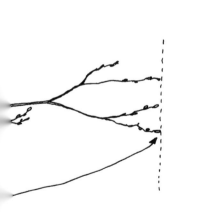

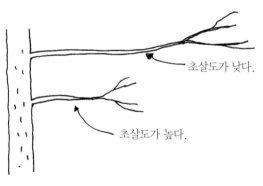

초살도가 낮다.

초살도가 높다.

바람이 많이 부는 고산지대에서는
초살도가 높아야 바람에 잘 견딜 수 있다.
나이가 많은 나무도 생장이 약하다 보니
초살도가 높다.

국수나무

국수나무는 공원에서 보기 어렵고, 숲에 들어서야 나타난다. 줄기를 잘라 더 가느다란 나뭇가지로 속에 있는 심을 밀어내면 국수처럼 나와서 국수나무가 되었다는데, 그럴 리는 없을 것 같다. 놀이하면서 나무 이름을 짓는 경우는 드물지 않을까?

오히려 나무의 생김새가 국수 뭉치처럼 보여서 그런 이름이 붙었지 싶다. 나무껍질이 희끗희끗하고, 떨기나무라 여러 줄기로 뻗어 나온 모습이 국수처럼 보였을 것 같다. 국수라는 단어에 '수'가 나무 수樹 자일 수도 있다. 식물 이름이야 누가 정확히 이래서 이렇게 지었다는 것이 없으니 추측할 뿐이다. 한참 미루어 짐작했는데 알고 보니 일본어에서 왔다거나, 한자에서 왔다거나 하는 경우가 있는 걸 보면 식물 이름 유래는 확신하기 어렵다.

사람들은 꽃말에 집착한다. "이게 토끼풀입니다"라고 하면 가끔 "꽃말이 뭐예요?"라는 질문을 받는다. 어차피 사람이 만든 것인데, 이렇게도 저렇게도 해석이 가능한 꽃말. 그것이 궁금한 적은 없는데 궁금해하는 사람들이 있다. 꽃말은 책마다 다르고, 사랑과 행복, 이별이 대부분이다. 그러니 꽃말에 너무 연연하지 말자.

국수나무를 본 김에 꽃말을 지어준 적이 있다. '숲에 온 걸 환영합니다.' 길을 걷다 국수나무를 만나거든 '여기부터 숲이구나' 느끼면 된다.

숲이 발달하는 과정을 '천이'라고 하는데, 이끼-풀-떨기나무(작은키나무)-중간키나무-큰키나무로 발달하는 순서를 말한다. 이끼부터 큰키나

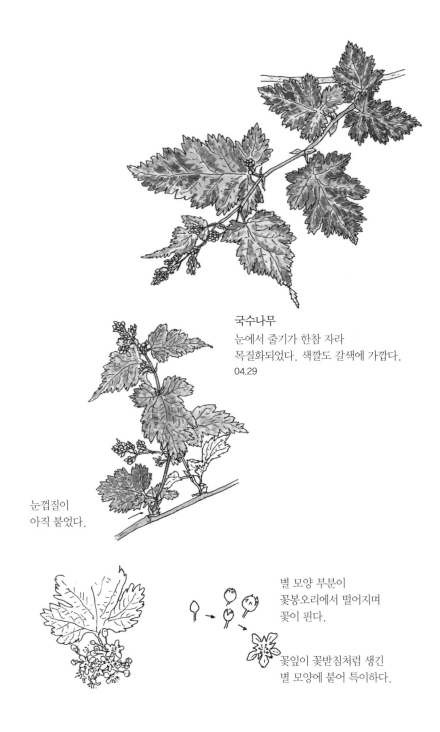

국수나무
눈에서 줄기가 한참 자라
목질화되었다. 색깔도 갈색에 가깝다.
04.29

눈껍질이
아직 붙었다.

별 모양 부분이
꽃봉오리에서 떨어지며
꽃이 핀다.

꽃잎이 꽃받침처럼 생긴
별 모양에 붙어 특이하다.

무까지 공존하는 것이 건강한 숲이다.

　공원이나 기타 인공조림을 한 곳은 주로 큰키나무를 심기 때문에 식생이 다양하거나 입체적이지 않다. 자연의 숲은 이끼나 고사리, 국수나무 같은 떨기나무 종류가 많다. 이들을 발견하면 '숲이구나' 생각해도 좋다.

나무의 키

나무를 큰키나무, 중간키나무, 작은키나무처럼 키로 나누기도 한다. 여러 줄기로 나서 작게 자라는 나무를 떨기나무, 다른 나무나 바위 등을 타고 오르는 나무를 덩굴나무라고 한다. 그런데 큰키나무와 중간키나무, 작은키나무는 구분하기 쉽지 않다. 느티나무는 큰키나무, 단풍나무는 중간키나무, 무궁화는 작은키나무지만, 어린 느티나무는 다 자란 무궁화보다 키가 작다. 나이가 다른 나무는 키로 비교하기 어려워, 통상 셋을 묶어서 한줄기나무라고 부른다.

이와 달리 여러 줄기로 올라와서 자라는 떨기나무는 한자로 관목이라 한다. 줄기가 물길처럼 여기저기로 뻗어나가는 모양을 보고 물 댈 관灌 자를 쓴 것이다. 한 줄기로 높게 자라는 큰키나무와 여러 줄기로 낮게 자라는 떨기나무 중에 어느 쪽이 유리할까?

저마다 자기에 맞는 생존 전략을 선택한 것이기 때문에 어느 쪽이 유리하다고 말하기 어렵다. 큰키나무는 한 줄기로 높이 올라가니 키가 커져서 햇빛을 많이 받고 광합성도 잘할 수 있을 것이다. 체격도 커져서 숲을 지배하는 생명체가 될 수 있다. 하지만 큰 몸을 유지하려면 에너지가 많이 소모된다. 체격이 작은 떨기나무는 적은 양분으로도 살 수 있기 때문에 많은 햇빛이 필요하지 않고, 큰 나무 아래 자리 잡고도 산다. 이렇듯 사는 방법이 다를 뿐, 누가 더 유리하다고 말할 수 없다. 우리가 살아가는 방법도 다양하게 받아들이면 더 편해지지 않을까?

작은키나무

'작은 나무가 숲을 살린다'는 말이 있다. 무슨 뜻일까? 까치가 지상에서 높이 10미터쯤 되고 가지가 3~4개로 갈라진 나무에 둥지를 튼다면, 작은 새는 주로 떨기나무 숲에 둥지를 튼다. 둥지는 풀잎이나 줄기, 작은 나뭇가지를 이용해서 트는데, 이끼나 거미줄 등을 이용하는 새도 있다.

여러 줄기로 뻗는 떨기나무는 함께 자라면 빽빽하게 우거져서, 그 안에 몸을 숨기거나 둥지를 틀면 밖에서 잘 보이지 않는다. 덤불에 사는 작은 새는 서로 보이지 않아, 소리로 의사소통하기 위해서 노랫소리가 더 발달했다는 이야기도 있다.

떨기나무, 고사리 등은 동물의 서식처와 은신처가 되어 생태계를 건강하게 유지한다. 산불을 막는 효과도 있다. 강원도 소나무 숲에서 산불이 났다는 뉴스를 거의 해마다 접한다. 그 넓이도 상당하다.

소나무 숲이 산불이 크게 번지는 원인은 여러 가지가 있다. 소나무는 건조하고 송진이 있어서 잘 탄다. 하지만 더 큰 원인이 있다. 소나무 숲은 송이버섯을 채취하기 위해 다른 나무를 제거하고, 소나무가 타감작용他感作用, allelopathy을 해서 다른 나무가 못 자라기도 한다. 이렇게 소나무 외에 다른 나무가 별로 없는 소나무 숲은 바람이 잘 통해서, 한번 산불이 나면 걷잡을 수 없이 번진다.

일반적인 숲은 참나무가 많고, 떨기나무나 양치식물, 이끼 등 수분이 많은 식물이 꽉 메워서 산불이 나도 느리게 번진다. 건강한 숲이 산불을 예방한다고 할 수 있다. 작은키나무가 숲을 구한다.

소나무 숲은 다른 나무가 별로 없어서
바람이 잘 통해 산불이 나면 빠르게 번질 수 있다.

풀이나 작은키나무가
많은 숲은 산불이 나도
번지는 속도가 느리다.

타감작용

타감작용은 식물이 자기 주변에 있는 다른 식물의 성장을 억제하기 위해 특정한 화학물질을 분비하는 것이다. 이는 식물들이 양분 경쟁을 하면서 진화한 결과라고 한다. 때로는 자기가 생존하는 데 도움이 되는 주변 식물의 성장을 촉진하는 것도 타감작용에 포함한다.

햇볕을 많이 받아야 하는 소나무는 햇볕을 가릴 참나무 종류가 잘 자라지 못하게 하고, 떨어진 잎이 땅속에서 다른 씨앗이 발아하지 못하게 하는 물질을 낸다고 한다. 단풍나무는 붉게 물든 잎에서 안토시아닌이라는 물질이 분비되어 다른 식물이 잘 자라지 못하게 한다.

이 밖에 허브 식물의 향, 파나 양파, 마늘 등에서 나오는 알리신, 고추의 캡사이신 등이 타감작용을 하는 대표적인 물질이다. 이런 물질은 우리에게 오히려 약으로 작용해서 건강식품이나 약재로 활용한다.

그런데 소나무 숲을 산책해보면 의외로 다른 나무들이 잘 자란다. 타감작용이 강력해서 모든 식물이 발아하지 못하게 하는 것 같지는 않다. 송이버섯을 채취하는 분들은 소나무 숲을 밭처럼 가꾸는데, 참나무 싹을 잘라내는 일이 일상이다. 그만큼 많이 자란다는 뜻이다. 타감작용도 어쩌면 하나의 현상일 뿐, 생태계는 큰 틀에서 공생하는 게 맞지 않을까 싶다.

숲 가장자리

숲에 들어선다. 작은 나무가 **빽빽**하다. 뭔가 살 것 같다. 오솔길을 걸을 때마다 가지와 잎이 옷을 스친다. 키가 큰 나무가 많은 깊은 숲에서는 나뭇잎이 몸에 닿는 일이 별로 없다.

산을 삼각형으로 그릴 때 양옆 가장자리를 '숲 가장자리forest edge', 임연부林緣部라고 한다. 숲 가장자리는 숲이 시작되는 곳이기도 하다. 큰 나무가 적어서 햇빛이 잘 들고, 영양물질이 많으며, 물도 구하기 쉽다. 풀이나 작은 나무가 많아, 작은 동물이 살면서 몸을 숨기기에 좋다. 동물에겐 깊은 숲 속보다 숲 가장자리가 살기 적당하다.

임연부
풀과 작은키나무가 많고 햇빛이 잘 드니
먹을 것이 풍부해 야생동물이나
새가 살기 좋은 공간이다.

사람도 마찬가지다. 숲 가장자리는 지대가 낮고 계곡도 있어서, 집 짓고 밭을 일구며 살기 좋다. 여름철 폭우에 산사태나 홍수로 큰 피해를 보는 분들이 있다. 그분들에게 죄송한 말이지만, 숲이나 계곡 가까이 집을 짓지 않으면 그런 일이 없다.

한편 사람들은 동물이 살아야 할 숲 가장자리를 차지하고, 그곳에 오는 멧돼지며 고라니를 경계하고 미워한다. 자기 땅에 멧돼지가 왔다는 것이다. 시골 어머니께서 산 아래 밭에 고구마를 심었다. 어느 해 멧돼지가 고구마를 많이 먹었다. "에휴! 이눔의 멧돼지들 다 잡아 쥑여야 혀" 하신다. "어머니, 원래 이 땅은 누구 거였어요?" 묻자, 말뜻을 이해하고 "원래는 멧돼지 땅이었구만" 하신다. 학교 문턱도 안 가본 촌로도 이 땅이 원래 멧돼지 땅이었다고 인정하신다. 많이 배운 사람들이 오히려 모두 자기 것이라 한다.

칡

한여름 숲에 오면 황홀한 때가 있다. 여름 숲에서 둘째가라면 서러워할 무엇을 만나기 때문이다. 숲에 막 들어서서 걷다 보면 어디선가 진한 향기가 난다. 두리번거리고 찾아보면 노란색과 자주색, 보라색이 묘하게 어우러진 꽃이 탐스럽게 피었다. 황홀할 정도로 멋지고 향기로운 칡꽃이다.

칡은 오래전부터 우리 땅에 살아온 토종 식물이다. 먹거리로, 약으로, 생활용품 소재로 우리 삶에 중요한 역할을 했다. 요즘 사람들은 칡을 보면 없애려고 한다. 왜 칡을 미워할까? 아까시나무를 미워하는 것은 도입종이어서 그렇다지만, 칡은 토종이다. 사람들은 칡이 다른 나무를 못살게 군다고 미워한다.

주변에 다른 나무나 담, 바위 등을 타고 올라가야 사는 덩굴식물이 꽤 있다. 머루와 다래, 담쟁이, 칡, 등나무, 사위질빵 같은 나무도 있고, 박주가리와 나팔꽃, 환삼덩굴 같은 풀도 많다. 덩굴식물은 햇빛을 받기 위해 다른 나무나 바위 등을 타고 올라간다. 일부러 그러는 게 아니다.

담쟁이덩굴은 줄기 중간중간 개구리 발 같은 흡착판이 달린 뿌리가 나온다. 그 흡착판으로 붙어서 올라간다. 칡은 그런 게 없어 줄기가 매끈하다. 털이나 가시가 있으면 마찰력으로 올라가겠지만, 그렇지 않으니 감고 올라가야 한다. 나무를 감고 올라가다 보면 나중에 칡과 나무가 부피 생장을 하면서 물관과 체관을 조인다. 이것을 이겨내지 못한 나무는 죽는다.

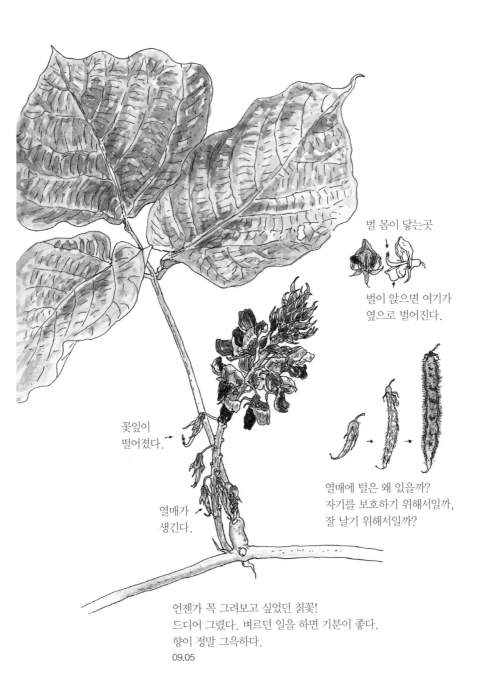

별 몸이 닿는곳

벌이 앉으면 여기가
옆으로 벌어진다.

꽃잎이
떨어졌다.

열매가
생긴다.

열매에 털은 왜 있을까?
자기를 보호하기 위해서일까,
잘 날기 위해서일까?

언젠가 꼭 그려보고 싶었던 칡꽃!
드디어 그렸다. 벼르던 일을 하면 기분이 좋다.
향이 정말 그윽하다.
09.05

칡이 감아도 잘 사는 나무 역시 많다. 나무 세계에서 적자생존이라고 할까? 좀 매정해 보이지만 실제로 자연 생태계는 우리가 멀리 떨어져서 보면 공생하고, 가까이 보면 살아남기 위해 경쟁한다. 덩굴식물도 자기에게 주어진 유전적 특성을 이용해 살기 위한 방법을 찾은 것이다. 그러니 미워하지 말자.

칡은 자세히 보면 오히려 정이 간다. 우선 잎을 보자. 콩잎처럼 세 장인데, 양옆과 중간 잎이 다르게 생겼다. 잎이 겹치지 않고 햇빛을 잘 받을 수 있게 중간 잎이 튀어나온 것이다. 놀랍다. 신경 쓰지 않고 보면 모를 일이다. 세상에 이런 일이 얼마나 많을까?

식물은 최소 에너지를 들여 최대 에너지를 얻으려 한다. 칡도 햇빛을 받지 못하면 죽기 때문에 다른 나무를 타고 올라간다. 이왕이면 햇빛이 많이 비치는 곳을 좋아하니 나무와 풀이 우거진 숲 속보다 숲 가장자리에 많이 자란다. "이 산에 온통 칡이다. 다 없애야 한다"고 말하는 사람이 있는데, 자세히 보면 숲 가장자리에 많지 숲 속에는 별로 없다.

게다가 칡뿌리는 멧돼지나 들쥐 등 숲에 사는 동물의 식량이다. 칡을 잘라버리거나 약으로 사용한다고 칡뿌리를 많이 캐면 숲 속 동물이 굶주린다. 멧돼지는 개체 수가 늘어서 마을로 내려오는 경우보다 먹을 게 없어서 내려오는 경우가 많다. 칡을 조금 달리 봐주면 좋겠다.

여긴 누가 먹었을까?

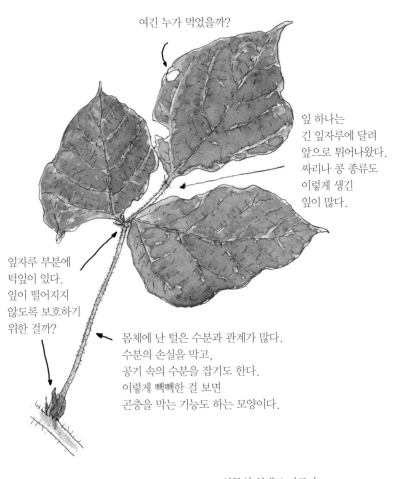

잎 하나는
긴 잎자루에 달려
앞으로 튀어나왔다.
싸리나 콩 종류도
이렇게 생긴
잎이 많다.

잎자루 부분에
턱잎이 있다.
잎이 떨어지지
않도록 보호하기
위한 걸까?

몸체에 난 털은 수분과 관계가 많다.
수분의 손실을 막고,
공기 속의 수분을 잡기도 한다.
이렇게 빽빽한 걸 보면
곤충을 막는 기능도 하는 모양이다.

잎몸의 형태도 다르다.
세 장이 동일한 형태로 난 경우,
겹치는 면이 생겨서 햇빛을 받는 데
손실이 많을 것이다.
이 손실을 최대한 줄이기 위한
잎의 작전인 셈이다.

칡 잎을 보며 세상 모든 것에서
배울 점이 있음을 느낀다.

225

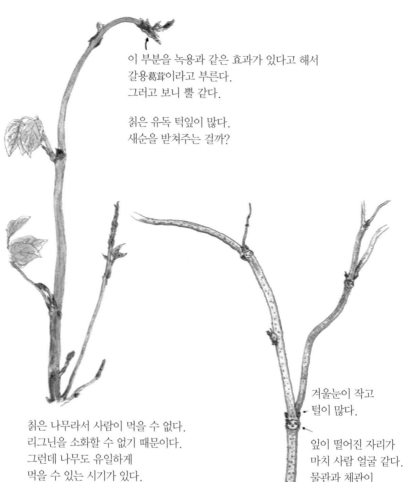

이 부분을 녹용과 같은 효과가 있다고 해서
갈용葛茸이라고 부른다.
그러고 보니 뿔 같다.

칡은 유독 턱잎이 많다.
새순을 받쳐주는 걸까?

겨울눈이 작고
털이 많다.

칡은 나무라서 사람이 먹을 수 없다.
리그닌을 소화할 수 없기 때문이다.
그런데 나무도 유일하게
먹을 수 있는 시기가 있다.
바로 봄에 돋아나는 새순이다.
새순은 아직 목질부가 없기 때문에
먹을 수 있다. 봄이 지나면
점점 목질부가 생기면서 나무가
딱딱해진다. 나무는 여름이
오기 전에 한 해에 자랄 부분이
거의 다 자란다.

05.02

잎이 떨어진 자리가
마치 사람 얼굴 같다.
물관과 체관이
지나가는 자리다.
관속흔이라고도 한다.

칡은 우리 조상의 삶에서 빠질 수 없는
존재다. 어느 하나 버릴 게 없고
일상 용품을 만드는 데도 많이 사용된다.
탄력이 좋은 덩굴나무라서 그렇다.

01.14

갈등

개인이나 집단 사이에 목표나 이해관계가 달라 적대시하거나 충돌하는 상황, 혹은 스스로 뭔가 결정하지 못하고 고민할 때 우리는 '갈등'이란 단어를 쓴다. 이 갈등이라는 단어는 칡과 등나무라는 뜻이다.

갈은 칡 갈葛이고, 등은 등나무 등藤이다. 칡과 등나무 모두 덩굴나무인데 칡은 오른쪽으로 감고 올라가고 등나무는 왼쪽으로 감고 올라가기 때문에, 둘이 함께 있으면 무척 복잡하고 혼란스러운 상황이 된다는 말에서 유래했다고 한다. 하지만 자연에서 보면 칡이 꼭 오른쪽으로 회전하고 등나무가 왼쪽으로 회전하는 것은 아니다. 반대인 경우도 많다.

회전 방향과 상관없이 덩굴나무 두 종류가 만나면 엉켜서 복잡해지는 건 사실이다. 하지만 그만큼 탄탄하기도 하다. 갈등이 있어야 관계가 더욱 단단해지는 게 아닐까?

나무일까, 풀일까?

다 자란 느티나무가 풀과 헷갈릴 리는 없다. 강아지풀이 나무와 헷갈릴 리도 없다. 나무인지 풀인지 구별하기 어려운 것은 주로 어린나무나 덩굴나무를 볼 때다. 나무도 어릴 때는 키가 작고 조직이 부드러워서 풀로 여겨지는 경우가 많다. 칡이나 등나무 같은 덩굴나무는 생상이 빠르고 많이 늘어나서, 조직이 부드럽게 늘어난 뒤에 단단해진다. 덩굴나무 어린줄기를 보면 풀로 착각하기 쉬운 것도 이 때문이다.

이렇게 헷갈리는 상황에서 풀과 나무를 구별하는 방법이 있을까? 내부 조직을 검사하는 것 외에 겉모습으로 아는 방법이 있다. 나무는 풀과 달리 계속 자라야 하기 때문에 생장점이 가지 끝에 있다(겨울눈). 풀은 줄기 사이에 있는 눈이 자라지만, 생김새가 겨울눈과 조금 다르다. 여름이면 그 자리에서 순이 나온다. 여름이 지나고 가을, 겨울이 되어도 있는 게 겨울눈이다.

나무가 풀과 또 하나 다른 점은 목질부(물관부)라는 리그닌이 발달하는 것이다. 리그닌은 나무를 단단하게 만들어준다. 어린나무는 아직 리그닌이 발달하지 않아 구별하기 어렵고, 리그닌이 눈에 보이는 것이 아니므로 구별하는 키워드는 아니다. 결국 겉모습으로 나무와 풀을 구별하는 것은 겨울눈이다.

돌무더기

국수나무를 지나면 개나리가 나타난다. 열매가 눈에 띈다. 그냥 지나칠 때는 모르지만, 찾으려고 자세히 보니 있다. 단풍나무와 아까시나무를 지나 좀 더 걷자니 돌무더기가 나온다. 사람들이 다니면서 돌을 한 개씩 올려놓은 것이 어느새 돌무더기가 됐다.

숲을 걷다 보면 유난히 잘 보이는 게 있다. 여럿이 걸어도 저마다 다른 것이 눈에 들어온다. 혼자 산책할 때 같은 장소라도 가는 때에 따라 다른 게 눈에 띈다. 왜 그럴까? 바로 그때가 그 사물과 내가 교감하는 순간이 아닐까?

나무에 눈길 한 번 주지 않고 무작정 앞만 보고 산에 오르는 사람이 많다. 건강을 위해 산에 오르는 것도 좋지만, 숲에서 풀과 나무, 바위와 돌멩이 등 자연과 교감하면 마음이 더 풍요로워질 것이다. 자연과 교감하는 것이 숲에 오는 첫째 이유여야 한다. 교감하기 좋은 방법이 스킨십이다. 만지고, 비비고, 껴안고, 냄새 맡고….

산에 오르다가 돌멩이 하나 주워서 쌓는 것도 일종의 교감이다. 대부분 소원을 빌었을 것이다. 사람들의 수많은 바람이 돌무더기로 쌓였다. 소원을 빌면서 돌멩이를 쌓은 사람도 많을 것이다. 소원을 비는 데 돌멩이를 쓴 것은 우리가 오래전부터 자연과 더불어 살아온 증거다.

돌멩이를 관찰해보니 화강암이다. 북한산은 화강암이 많은 지역이란 것도 알 수 있다. 화강암은 풍화를 겪으며 모래가 된다. 모래는 흔하디흔하지만 아주 중요하다. 우리가 사는 집을 비롯해 수많은 건축물이 됐고,

건물 창과 내가 쓴 안경도 유리다. 우주와 세포를 볼 수 있는 망원경과 현미경도 유리로 만든다. 그 유리가 모래에서 왔다. 유리 없는 세상은 상상하기 어렵다. 내 발밑에서 사그락사그락 밟히는 모래. 화강암 돌무더기를 보며 많은 생각을 한다.

상수리나무

　돌무더기를 지나 조금 더 올라가면 상수리
나무 숲이 나온다. 그런데 상수리나무에 상처
가 있다. 아래쪽에서는 보이지 않지만, 위에서
바라보면 모두 비슷한 부위에 상처가 있다. 왜
이렇게 큰 상처가 있을까?

　처음에는 동파凍破나 볕데기(피소皮燒 : 더위에
노출되어 나무껍질이 타는 현상)인가 했는데, 상처
가 크고 부위와 방향이 같다. 밤나무와 상수리
나무에 비슷한 상처가 많다. 같은 상처를 다른
곳에서도 보니 실마리가 풀린다. 사람이 한 것
이다. 도토리나 밤을 따기 위해 떡메나 큰 돌
멩이로 나무를 쳐서 난 상처다. 한 번 숲에 오
면 다음 날 또 오기 귀찮으니, 내일 떨어질 열
매도 오늘 주우려고 한 것이다.

　더 놀라운 것은 나무마다 격년결실을 막기
위해 정기적으로 나무에 상처를 낸다는 사실
이다. 나무는 상처가 나면 위기감이 들어 격년
결실을 하지 않고 도토리를 많이 만든다고 한
다. 상처를 아물게 하려고 새살을 만들어도 다
시 괴롭히니 상처가 치유될 리 없다. 항아리처

럼 부풀어 속은 썩어간다. 사람의 욕심이 빚은 비극이다. 요즘은 국립공원에서 도토리 채취를 금하지만, 오랫동안 고통 받아온 상처는 아물기 어렵다.

격년결실
나무에서 열매가 많이 열리는 해와 적게 열리는 해가 번갈아 나타나는 현상이다. 사과와 감, 밤, 감귤류에서 잘 나타나고, 배나 복숭아 등은 거의 나타나지 않는다. 격년결실은 꽃눈과 연관성이 깊다.

열매가 많이 열리는 것은 꽃눈이 많이 분화한 것이고, 그곳에 양분을 많이 보내야 한다는 의미다. 한 해에 많이 보냈다면 이듬해에는 꽃눈의 분화를 줄여서 열매로 가는 양분을 줄이는 것이다. 과수원에서는 영양제와 비료 등으로 영양 관리를 하고, 가지치기와 열매 솎아내기 등을 통해 격년결실의 차이를 줄인다.

상수리나무의 어원
상수리나무의 어원에 대한 이야기도 여러 가지다. 임진왜란이 나서 선조가 몽진했을 때 수라상에 올릴 음식이 마땅치 않아 도토리묵을 올렸다. 선조는 워낙 배고픈 상태라 맛있게 드셨다. 왜란이 끝나고도 도토리묵을 거의 매일 수라상에 올려 '상수라'라고 한 말이 상수리가 되었다고 한다.

상수리나무는 한자로 상수리나무 상橡 자를 써서 상수라고 한다. 코끼리를 닮은 나무여서 그렇게 부른 것일 수도 있다. 상수리나무 열매인 도토리를 상실橡實이라고 부른다. 요즘도 연세가 많은 어르신들은 "상실이 주우러 가자"고 하신다. 상수리는 상실이에서 왔을 가능성이 높다.

사람들이 알거나 책에 소개된 나무 이름의 유래 중에 언어유희에서 비롯된 것이 꽤 많다. 5리마다 심어서 오리나무가 되었다거나, 국수 같은 심이 밀려 나와서 국수나무가 되었다거나, 잎을 신발에 깔아 신깔에서 신갈나무가 되었다는 이야기는 말장난일 뿐이다. 쉽고 재밌게 이해하기 위해서 말하는 것은 좋으나, 어원이 명확하지 않은 것을 정답처럼 말하는 일은 자제해야 한다.

수액

숲 속을 걷다 보면 가끔 상처 난 나무를 만난다. 상수리나무처럼 사람이 상처 낸 나무도 있지만, 동파로 상처 난 나무가 대부분이다. 동파되면 세로로 갈라지며 터지는데, 그 상처에서 나오는 수액은 나무마다 양과 색깔이 다르다. 동파된 층층나무 상처에서 수액이 흐르는 것을 본 적이 있는데, 맛을 보니 조금 맹맹했다.

나무에게 상처지만 수액은 곤충에게 잔칫상이다. 그러니 나무에 난 상처를 보고 너무 가슴 아파하지 않아도 된다. 숲 속에 몇 군데 상처 난 나무가 있다면 곤충들은 뷔페처럼 이 나무 저 나무 다니면서 먹을지도 모른다. 장수풍뎅이나 사슴벌레는 참나무 수액을 좋아하는데, 특히 상수리나무 수액을 좋아하는 모양이다. 맛을 보니 시큼하다. 참나무를 톱질할 때도 시큼한 향이 났다.

사슴벌레 같은 곤충을 잡기 위해 나무 주변에 바나나를 으깨서 바르거나 막걸리를 뿌리기도 한다. 막걸리 향에 몰려온 사슴벌레들이 막걸리를 맛나게 먹는다. 신기하게 곤충이 술을 먹는다. 어쩌면 이런 수액에서 술이 시작됐는지도 모른다. 과일이 발효된 것이 술의 시작이라는데, 내 생각엔 수액도 술의 시작에 한몫했을 듯하다.

도토리거위벌레

신갈나무 아래 잎과 도토리가 달린 가지가 많이 떨어졌다. 여름과 가을 사이 참나무가 있는 숲을 걷다 보면 꼭 만나는 풍경이다. 바람이 세게 불어 가지가 떨어졌다고 보기에는 너무 많다. 가지를 주워 살펴보면 반드시 잎과 도토리가 달렸고, 잘린 부분이 마치 칼로 자른 듯 매끈하다. 도토리에는 아주 작은 구멍이 하나 있다. 그 구멍에 알이 들었다. 도토리거위벌레 알이다. 참나무 아래 뚝뚝 잘린 가지는 도토리거위벌레가 알을 낳은 흔적이다.

도토리거위벌레는 왜 도토리에 알을 낳을까? 도토리에 낳으면 밖에 낳는 것보다 보호받을 수 있고, 알에서 깨어난 애벌레가 그 도토리를 먹으며 자란다. 그러면 왜 여물지 않은 도토리에 알을 낳고 가지를 잘라 떨어뜨릴까? 도토리가 여물면 다람쥐나 청설모 등이 가져갈 수 있다. 가을이 되기 전, 즉 도토리가 완전히 여물기 전에 떨어뜨려야 다람쥐나 청설모가 가져가지 않는다.

알에서 깬 도토리거위벌레 애벌레는 도토리에서 나와 땅속으로 들어간다. 미리 바닥에 떨어뜨리지 않으면 나무에 매달렸다가 땅으로 내려오는 동안 천적에게 잡아먹힐 수 있다. 도토리거위벌레 어미가 자식을 위해 여러 가지로 신경 쓴 거다.

그런데 왜 가지째 떨어뜨릴까? 오랜 시간 궁금했고, 아직 정확한 까닭을 알지 못한다. 나뭇잎이 붙은 가지째 떨어뜨리면 충격이 적을 것이라고 유추해볼 수 있다. 도토리거위벌레가 그 점까지 계산했을까? 자세히

신갈나무 밑에 떨어진
가지를 자세히 보면
도토리거위벌레의 짓이란 것을 알 수 있다.
손톱보다 작은 벌레가 새끼를 위해
여러 가지 일을 해낸다.
우리 부모들도 그랬다.

보면 가끔 도토리만 떨어진 것도 눈에 띈다. 도토리가 나뭇가지에 바짝
붙었기 때문에 도토리만 떨어뜨리기 어려워 그냥 가지째 떨어뜨릴 수도
있다.

　이쯤 생각하다 보면 또 다른 궁금증이 생긴다. 참나무에겐 도토리거위
벌레가 분명히 해로운 존재인데, 생태계에 이처럼 어느 한쪽에 일방적
으로 불리한 경우가 있던가? 눈앞에 벌어지는 현상은 어느 한쪽에 치우
치는 듯해도 크게 보면 다른 쪽에 도움이 되는 경우가 대부분이다. 도토
리거위벌레는 참나무에게 어떤 도움을 줄까? 도토리거위벌레뿐만 아니
라 식물의 잎을 갉아 먹는 애벌레도 나무에게 좋지 않다. 하지만 그 애벌
레들이 어른벌레가 되어 꽃가루받이를 도와준다. 넓게 생각하면 해답이
있을지도 모른다.

1cm

실제 크기

도토리거위벌레
온몸에 털이 잔뜩 났다.

다리 관절이 안으로
들어가면서 접힌다.

가지 단면이
매끄럽게
잘렸다.

도토리를 잘 보면
구멍이 있다.

도토리를 잘라보면
껍질 바로 안쪽에
하얗고 조그만
알이 들었다.

예를 들어 식물 줄기의 수액을 빨아 먹는 진딧물은 분명 식물에게 피해를 주지만, 진딧물의 꿀똥honeydew을 먹기 위해 개미가 오고 그 개미 때문에 애벌레들이 오지 못한다. 식물 입장에선 진딧물에게 수액을 주고 더 많은 천적을 막아냈다고 볼 수 있다.

번식력이 강해 숲에서 우점종優占種, dominant species이 되어가는 나무가 있을 때 그대로 방치했다가는 숲의 다양성이 파괴될 수도 있다. 누구는 그 수위를 적절히 조절해줘야 한다. 최소한 잎을 갉아 먹어서 햇빛이 땅에 내려와 땅 아래 풀도 자라게 해야 한다. 나무도 주변에 다른 풀이 사는 게 장기적으로 도움이 된다. 토양을 비옥하게 해준다거나, 이로운 미생물을 불러와서 생육에 도움을 주기 때문이다.

이런 것에 비춰보면 도토리거위벌레도 참나무 가지를 잘라내서 생태계의 균형을 맞추고자 함이 아닐까 싶다. 의도하지 않았어도 생태계는 빈틈없이 짜 맞춰서 굴러가게 만들어진 듯하다. 도토리거위벌레가 아직 어디에 도움을 주는지 정확히 알지 못한다. 꾸준히 자연을 관찰하고 그 관계를 찾아내면 좋겠다.

도토리거위벌레의 생애

애벌레 때 열매를 먹는 곤충은 알을 많이 낳지 않는 편이다. 도토리거위벌레도 도토리 안에 낳고 그것을 먹기 때문에 열매 곤충이다. 7~10월 도토리 안에서 깨어난 애벌레는 20일 남짓 지나 종령 애벌레가 되면 도토리에서 나와 땅속 7~11cm까지 파고 들어간다. 그 후 10개월 동안 흙 속에서 자며 겨울을 난다. 이듬해 5월 말 번데기가 되고, 6월에 드디어 어른벌레가 된다.

도토리거위벌레가 자른 가지

졸참나무
도토리거위벌레가 드디어
알을 낳기 시작했다.
졸참나무는 부모가 되어
자식을 만들었는데, 또 다른
부모에게 자식을 빼앗긴다.
부모가 되고자 하는 동물과 식물의
싸움이랄까? 여기서는 일방적으로
식물이 지는 듯 보이지만 분명
도움 받는 부분도 있을 것이다.
08.02

루브라참나무

갈참나무

굴참나무

상수리나무
잘린 지 며칠 지나
열매 색깔이 변한다.

이파리 없이 잘려서
떨어진 도토리.
이제껏 도토리 속의 알이
땅에 떨어질 때 충격을
흡수하기 위해 가지째
떨어뜨리는 줄 알았는데,
꽤 많은 도토리가
이파리 없이 떨어진다.
쉽게 자르다 보니 가지째
떨어뜨린 모양이다.

요람을 만드는 거위벌레

도토리에 알을 낳는 거위벌레만 있는 게 아니다. 나뭇잎이나 풀잎을 잘라서 요람을 만들고 그 안에 알을 낳는 거위벌레 종류가 더 많다. 거위벌레는 요람을 어떻게 만들까?

안쪽으로 밀어 넣으면서 말고, 양말 뒤집듯이 마무리해서 풀어지지 않게 한다. 참 기가 막히다. 따라 해보면 의외로 어렵다. 그 어려운 것을 손톱만 한 거위벌레가 해낸다. 모두 자식을 위한 마음에서 비롯된 정성이다.

거위벌레가 요람 만드는 순서

이 부분을
자른다.

자르고 나서 잎이 시들기를
기다린다. 그래야 잘 말리기
때문일 것이다.

한쪽 잎을
겹쳐서 두 겹으로
만든다.

끝부분부터
말아 올린다.

살짝 말고 나서
알을 낳는다.

이후 끝까지
정성스럽게
말아 올린다.

양말처럼 뒤집어서
요람이 풀리지
않게 한다.

종류에 따라
요람을 매달거나
떨어뜨린다.

밤나무 밑에 이렇게
돌돌 말린 것이 떨어졌다.

조심스럽게 풀어보았다.

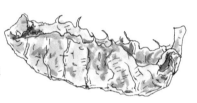

잎이 반으로 접혔다.
작은 몸으로 큰 잎을 반으로
접기가 쉽지 않았을 텐데….

잎을 완전히 펴기 전에는
알이 보이지 않는다.
알은 굴러다닌다.

노란색 알이
요기 있다.

벌레혹

숲 속을 산책하면서 조금만 관심을 갖고 보면 의외로 많은 벌레혹을 만날 수 있다. 사람들은 흔히 열매나 꽃으로 생각하고 "이 열매가 아니었는데? 다른 나무인가…" 하며 고개를 갸웃거린다. 그런 것들은 거의 벌레혹이라고 보면 된다.

벌레혹은 벌레가 아니라 식물이 만든다. 벌레가 괴롭히면 식물이 '이거 줄 테니 이제 그만해' 하고 혹을 만들어낸다. 벌레는 그 안에 알을 낳는다. 그래서 벌레혹은 식물에게 손해다. 벌레가 자꾸 괴롭히니 그 정도에서 타협한 거다. 살다 보면 내 뜻을 모두 펼치기 어렵다. 식물도 그것을 아는 모양이다. 간혹 몇몇 벌레혹은 시간이 지나면 열매처럼 빨간색으로 익는데, 새가 열매인 줄 알고 먹는다고 한다. 식물의 소심한 복수극이라고 할 수 있다. 아니면 큰 그림일까?

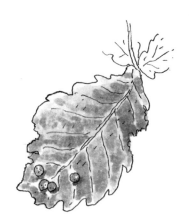

신갈나무잎구슬혹벌 벌레혹
잎에 구슬처럼 달렸다.

사사키잎혹벌 벌레혹
벚나무 잎에 마치 애벌레
같은 게 생긴다.

때죽나무납작진딧물 벌레혹
때죽나무에 바나나처럼
생긴 게 달렸다.

새로 나온 느티나무 잎에
느티나무외줄면충
벌레혹이 생겼다.
식물이 한 해를 준비하듯
벌레도 한 해를 준비한다.
모두 새로운 시작을
생각하는 봄이다.
오랜 세월 그랬을 것이다.

이것이
벌레혹이다.

참나무순혹벌 벌레혹
05.14

꽃봉오리 같지만
회양목혹응애의 벌레혹이다.
지난해 가을에 겨울눈 속으로
파고든 것이다.
겨울눈도, 벌레도
겨울날 준비를 했다.

꽃

밤나무순혹벌 벌레혹
어릴 때 열매인 줄 알고
많이 따 먹었다.
약간 시고 떫은맛이 난다.

대나무

상수리나무 숲 바로 옆에 조릿대 숲이 있다. 주로 조리를 만들어서 조릿대라고 한다. 조릿대보다 조금 큰 대나무는 신우대라고 한다. 옛날에 화살을 만들던 대나무다. 길을 걷다 신우대 숲이 보이면 옛날에 화살을 만들던 곳이라 생각하면 된다. 굳이 멀리서 대나무를 가져올 이유가 없다. 근처에 심어두고 수시로 베어 화살을 만들었을 것이다.

대나무는 종류가 꽤 많다. 흔히 우리가 아는 큰 대나무는 중부 이북 지방에서는 보기 어렵다. 대나무는 따뜻한 곳에서 자란다. 맹종죽, 이대, 솜대, 왕대 등 우리나라에만 50종 가까이 있다니 대나무 한 가지를 연구해도 벅찰 정도다.

사람들은 대나무를 나무로 봐야 하는지, 풀로 봐야 하는지 가장 먼저 묻는다. 윤선도 선생도 〈오우가〉에서 '나무도 아닌 것이 풀도 아닌 것이'라고 대나무의 오묘함을 이야기했다. 아직 대나무를 풀로 분류하는 학자가 많다. 대나무의 생태가 풀의 생태와 비슷하기 때문이다. 꽃을 피우고 열매를 맺은 뒤 죽는다.

나무는 해마다 꽃 피우고 열매 맺기를 반복하면서 수백수천 년 사는데, 풀은 한해살이 혹은 여러해살이로 나뉘며 꽃 피우고 열매를 맺으면 죽는다. 대나무는 수년에서 100년까지 사는데, 한 번 꽃 피우고 죽는다. 삶이 풀과 더 닮았기에 볏과에 속하는 풀로 분류하는 경우가 많다.

대나무는 엄연히 나무의 성질도 갖췄다. 목질부가 있어 단단하다. 지구상의 나무 중에서 가장 단단하다. 저탄소강이라는 금속과 강도가 비

숫하다고 한다. 단단하지만 휘어지는 탄성도 강해서 우리 생활용품에 대나무를 이용한 것이 많다. 칡, 싸리, 버드나무 등도 대나무처럼 일상에 많이 사용되는데, 탄성이 있기 때문이다.

대나무는 다른 어떤 나무보다 쓰임새가 다양해, 우리 삶에 깊숙이 들어왔다. 연구 결과에 따르면 다른 나무에 비해서 광합성 양도 많다고 한다. 풀인지 나무인지 명확하지 않지만, 어떤 나무나 풀보다 인간의 삶에 큰 도움을 준다.

가족과 담양 죽녹원에 갔다가
대나무가 날짜별로
자란 길이를 표시해놓은 걸 봤다.
정말 빨리 자란다.

줄기를 싼 껍질을
떼니 또르르 말린다.
펼치니 아래와 같은 모습이다.

껍질이 마디 시작점부터 있다.
마디부터 벗기니 잘 벗겨진다.
05.14

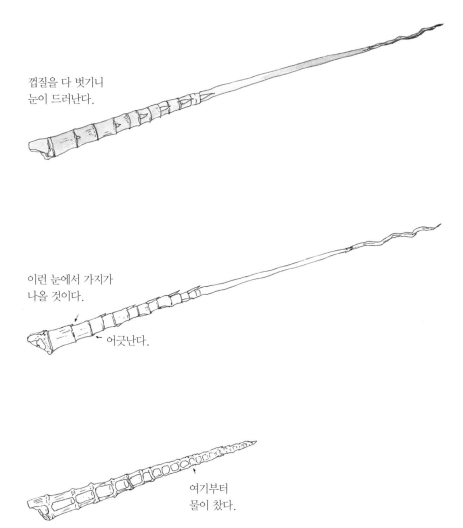

껍질을 다 벗기니
눈이 드러난다.

이런 눈에서 가지가
나올 것이다.

어긋난다.

여기부터
물이 찼다.

반으로 잘라보니 대나무와 같은 구조다.
이 부분이 수분을 먹고 쑥쑥 늘어나서
대나무가 될 것이다.
05.27

광합성

광합성이란 말을 모르는 사람은 없을 것이다. 광합성을 사전적으로 정의하면, '녹색식물이 빛에너지를 이용해 이산화탄소와 물로 유기물을 합성하는 과정'이다.

우리가 생각해야 할 것은 45억 년 전 지구가 탄생하고, 35억 년 전 어느 시점에 빛을 먹는 생명체 시아노박테리아가 생겨났다는 점이다. 그 생명체가 출현함으로써 녹색식물과 산소가 나타나고, 양분이 만들어져서 동물이 그것을 먹고, 결국 지금 우리가 있다. 그런 의미에서 다음은 가장 위대한 화학 공식이다.

$$6CO_2 + 12H_2O \rightarrow C_6H_{12}O_6 + 6H_2O + 6O_2$$

대나무는 왜?

대나무는 왜 풀도 아니고 나무도 아닌 삶을 선택했을까? 대나무는 왜 수십 년을 기다렸다가 한꺼번에 꽃 피우고 열매를 맺고 죽을까? 아무도 그 까닭을 말하지 않는다.

대나무는 오래 살고 뿌리로 번식하니 꽃을 피우지 않아도 될 것이다. 그러다가 수명이 다할 때쯤 꽃 피우고 열매를 맺을 것이다. 뿌리 번식을 하지 않았다면 그 열매가 바람을 타고 멀리 가지도 않으니 번식에 문제가 생길 것이다.

열매를 최대한 많이 만들어서 쥐 같은 동물이 땅에 묻었다가 다 먹지 못하고 씨앗이 발아해서 번식할 수도 있을 것이다. 그러려면 쥐와 열매도 많아야 한다. 당연히 여러 개체가 모여야 하고, 그러려면 뿌리를 통해 몇 년 동안 많은 개체를 만들어내야 한다.

이런 방식이 자기에게 맞다고 생각했을 것이다. 세상에 이유 없는 삶의 방식은 없으니까.

낙엽

가을이 아니어도 숲에 가면 늘 낙엽이 있다. 낙엽이 없으면 산행하는 운치가 반으로 줄지도 모른다. 모든 나무는 나뭇잎을 떨어뜨린다. 바늘잎나무도, 늘푸른나무(상록수)도 잎을 떨어뜨린다. 나뭇잎에 수명이 있기 때문이다. 가을이 되면 잎을 떨어뜨리는 나무를 따로 구분해서 갈잎나무(낙엽수)라고 한다.

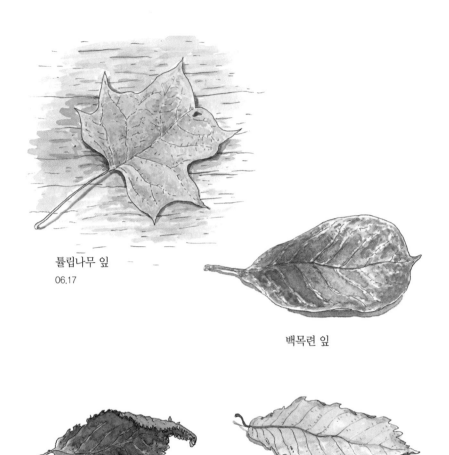

튤립나무 잎
06.17

백목련 잎

벚나무 잎

졸참나무 잎

상수리나무 잎
갈잎나무는 추운 겨울을 나기 위해
잎을 떨어뜨린다.
11.27

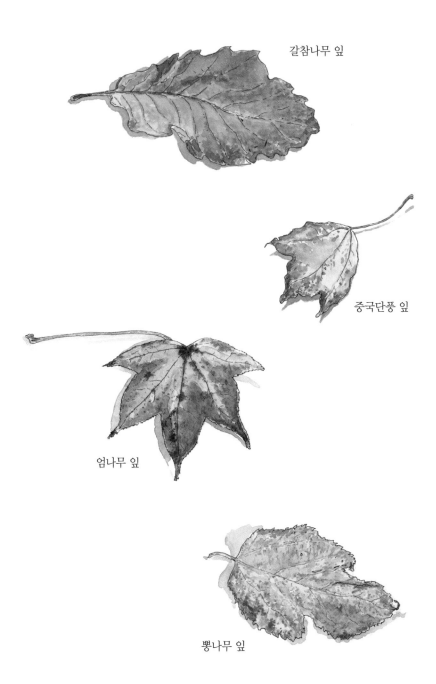

갈참나무 잎

중국단풍 잎

엄나무 잎

뽕나무 잎

공원은 낙엽을 다 치우지만 숲은 바닥에 나뭇잎이 그대로 쌓였다. 그 낙엽을 들추면 새로운 세상이 열린다. 지네, 지렁이, 공벌레 등 수많은 곤충과 거미 같은 절지동물의 세상이다. 도토리가 막 틔운 싹도 발견할 수 있다. 땅속에는 우리가 헤아릴 수 없을 정도로 많은 미생물이 산다. 그들은 힘을 합쳐 낙엽을 비옥한 흙으로 만든다.

낙엽을 무서워하거나 지저분하다고 피할 필요는 없다. 낙엽에는 우리 몸에 좋은 성분이 많다. 낙엽이 쌓인 곳이 있으면 한번 누워보기 바란다. 푹신한 낙엽 이불이 생각보다 따뜻하다. 그래서인지 수많은 곤충이 겨울이면 낙엽 속에 숨어 겨울을 난다. 새싹도 낙엽 속에 있다가 봄이 되면 살포시 얼굴을 내민다.

겨울에는 늘푸른나무보다 갈잎나무 아래 땅이 따뜻하다. 잎을 그대로 단 바늘잎나무나 늘푸른나무 아래 땅에는 햇빛이 잘 닿지 않는다. 반면 갈잎나무 아래는 볕도 잘 들고, 낙엽이 추위를 막는 단열재 역할을 하기 때문이다. 낙엽 속에 사는 작은 동물과 미생물에 의해서 분해와 발효가 되어 열도 발생한다. 작은 곤충과 미생물, 식물의 씨앗은 비교적 따뜻하고 수분이 잘 보존된 갈잎나무 낙엽 더미 아래 흙 속에서 추운 겨울을 견디며 새봄을 기다린다.

낙엽이 지는 원리

추위가 시작되면 나무는 겨울날 준비를 한다. 여름내 만든 양분을 줄기나 뿌리로 보내고, 추위에 약한 잎은 떨어뜨린다. 잎이 증산작용을 할 때 물이 필요한데, 겨울에는 물과 땅이 얼어 물을 흡수하기 어렵다. 나무는 떨켜라는 곳에서 세포분열을 일으켜 줄기와 잎이 닿은 곳을 막는다. 양분과 수분이 오가지 못하고 잎은 떨어진다. 이때 나무는 떨어뜨릴 잎에 노폐물을 담아서 버린다. 잎에 남은 성분은 낙엽이 되어 썩어가면서 거름이 되어 나무의 생장을 돕는다. 낙엽은 잎의 끝이 아니라 또 다른 삶의 시작이라고 해도 좋다.

낙엽 층 살펴보기

3월에 숲에 갔다고 치자. 맨 위에 있는 성한 잎, 즉 지난해 가을에 떨어진 잎을 먼저 걷어낸다. 그러면 약간 찢어지거나 닳은 듯한 잎이 나온다. 지지난해 가을에 떨어진 잎이다. 색깔과 모양이 비슷한 잎을 걷어낸다. 조금 더 너덜너덜하고 색깔이 더 진한, 썩은 잎이 나온다. 3년 전 가을에 떨어진 잎이다. 이런 식으로 낙엽 층을 조사하면 낙엽의 변화와 그곳에 사는 곤충의 특징을 알 수 있다. 암석이 풍화된 흙과 그 위에 쌓인 낙엽이 분해된 부엽토가 결합되어 숲 속 토양이 생긴다.

단풍

단풍은 왜 들까? 낙엽이 되기 전 단계일 뿐이다. 단풍은 나무마다 다르고, 같은 나무가 다른 색으로 물들기도 한다. 나뭇잎과 줄기 사이에 있는 떨켜가 통로를 막으면 나뭇잎에 남은 색소의 종류와 양에 따라 단풍 색이 결정된다.

가을이 되어도 단풍이 들지 않는 나무를 우리는 늘푸른나무라고 부른다. 소나무, 잣나무, 주목 등 바늘잎나무가 대부분이지만 사철나무, 동백나무 등 넓은잎나무도 있다. 모든 바늘잎나무가 늘푸른나무는 아니다. 메타세쿼이아, 낙엽송, 낙우송 등은 가을에 잎을 떨어뜨린다.

잎을 떨어뜨리는 갈잎나무 잎 수명은 대개 6~7개월이다. 4월에 나와서 10월이나 11월에 떨어진다. 늘푸른나무는 새잎을 내는 에너지를 절약하기 위해 한번 만든 잎을 오랫동안 떨어뜨리지 않는다고 말하는 이도 있는데, 그렇지 않다. 수명이 길 뿐, 늘푸른나무 잎도 떨어진다. 소나무 잎 수명은 2~3년, 주목 잎 수명은 2~7년이다 보니 지난해 나온 잎이 떨어지지 않았는데 올해 새잎이 나오는 것이다. 이듬해도 아직 잎이 지지 않았는데 새잎이 나온다. 다시 이듬해가 되면 새잎이 나고, 3년 전 잎이 떨어진다. 새로 난 잎, 지난해와 지지난해 잎이 그대로 있으니 초록을 유지하는 것이다.

길 양쪽에 은행나무가 있는데, 한쪽은 노랗게 단풍이 들고 다른 쪽은 아직 녹색이라며 TV에서 방영되는 걸 본 적이 있다. 신기한 일이라고 그 마을의 볼거리가 되어 관광객이 온다는 것이다. 나는 그 장면을 보자마

참나무와 소나무의 잎 나기

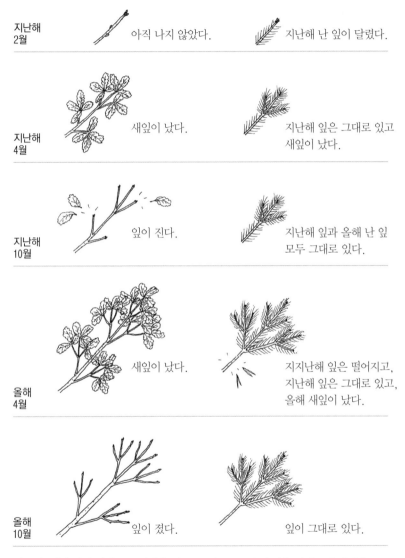

**지난해
2월**　아직 나지 않았다.　지난해 난 잎이 달렸다.

**지난해
4월**　새잎이 났다.　지난해 잎은 그대로 있고
새잎이 났다.

**지난해
10월**　잎이 진다.　지난해 잎과 올해 난 잎
모두 그대로 있다.

**올해
4월**　새잎이 났다.　지지난해 잎은 떨어지고,
지난해 잎은 그대로 있고,
올해 새잎이 났다.

**올해
10월**　잎이 졌다.　잎이 그대로 있다.

이듬해 4월이 되면 참나무는 새잎을 내고, 소나무는 2년 된 잎을 떨어뜨릴 것이다.
소나무는 지난해 잎과 올해 난 잎을 달고 있어서 늘 푸르다.

자 녹색을 유지하는 은행나무가 있는 쪽이 냇가이거나 근처에 수로가 있을 거라고 짐작했다.

다른 나무에 비해 단풍이 늦게 드는 나무가 있다. 버드나무가 특히 그렇다. 버드나무와 냇가에 있는 은행나무의 단풍이 늦어지는 까닭이 뭘까? 바로 물이다. 단풍이 드는 것은 낙엽이 되는 과정이다. 앞에서 잠깐 이야기했지만, 나무가 겨울에 잎을 떨어뜨리는 까닭이 두 가지 있다.

잎을 구성하는 성분에는 수분이 많다. 날이 추워져서 그 수분이 얼면 세포가 죽는다. 잎이 있어도 어차피 죽기 때문에 미리 떨어뜨리는 것이다. 잎이 살았다면 광합성을 계속할 테고 증산작용이 일어나서 물이 필요한데, 겨울에는 땅이 얼고 눈이 쌓인다고 해도 땅속에 바로 수분이 공급되지 않는다. 뿌리가 빨아들일 수 있는 물의 양이 한정되기 때문이다. 잎은 물을 뿜어내고 뿌리는 흡수하지 못한다면 나뭇잎은 말라 죽는다. 이런 현상을 막기 위해 낙엽을 만드는 것이다.

물 공급이 쉬운 곳이라면? 원래 물가를 좋아하는 나무라면? 그때는 아무래도 잎을 늦게 떨어뜨려야 좋다. 그래서 단풍도 늦게 드는 것이다.

소나무는 잎에 부동액 같은 성분이 있어서 추워도 잘 얼지 않고, 증산하는 양이 많지 않아서 물이 부족해도 잘 버틸 수 있다. 그래서 잎을 떨어뜨리지 않는다. 바늘잎나무이면서 잎을 떨어뜨리는 잎갈나무나 메타세쿼이아 같은 종도 있다. 그 나무가 사는 곳은 춥기도 하지만, 건조하고 바람이 많이 분다. 그런 곳에선 잎을 달고 있는 게 유리하지 않으니 바늘잎나무인데도 잎을 떨어뜨린다.

단풍을 만드는 색소

잎과 가지 사이에 있는 떨켜가 통로를 막으면 물과 양분이 이동하지 못한다. 그러면 잎은 서서히 죽어가며 단풍이 드는데, 그 색이 모두 다르다. 안토시아닌이 많은 잎은 빨간색 계열로 물들고, 카로티노이드가 많은 잎은 노란색 계열로 물들고, 탄닌이 많은 잎은 갈색으로 물든다. 이런 색소가 얼마나 존재하느냐가 단풍 색을 좌우한다.

단풍이 여러 가지 색으로 물드는 까닭이 잎에 독이 있거나 상한 잎으로 보이게 해서 잎을 갉아 먹으려는 곤충을 막으려는 것이라는 의견도 있다. 이것은 말이 안 된다. 겨울 문턱이라 잎이 억세져서 맛이 없거니와, 그 추운 때 애벌레가 되어 잎을 갉아 먹는 곤충도 거의 없다. 왜 잎이 여러 색으로 물드는지, 그 색소의 양이 왜 차이가 나는지 아직 정확히 알지 못한다.

여러 가지 단풍

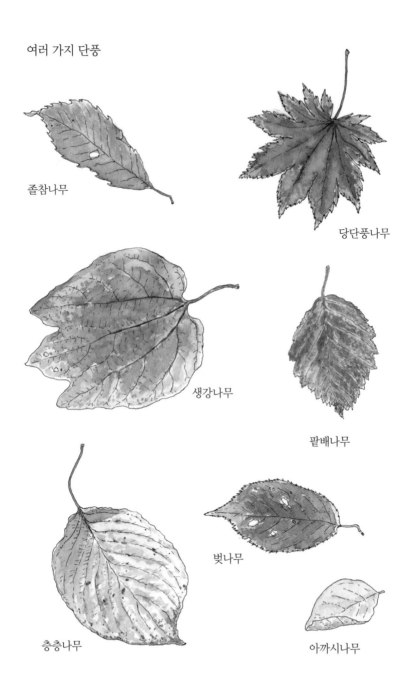

졸참나무

당단풍나무

생강나무

팥배나무

층층나무

벗나무

아까시나무

은행나무

댕댕이덩굴

사철나무

단풍나무

신갈나무

국수나무

은사시나무

귀로 읽기

숲 속으로 조금 들어왔을 뿐인데 차 소리가 들리지 않는다. 숲은 공기만 좋은 게 아니라 소음도 없다. 대신 새소리와 물소리, 바람 소리로 가득하다. 옛날 우리 조상도 숲에서 이런 소리를 들으며 살았을 것이다. 우리는 지금 어떤 소리를 들으며 사는가? 자동차가 달리는 소리, 경적 소리, 전철이 지나가는 소리, 오토바이 소리, 공사장의 드릴 소리, 에어컨 돌아가는 소리, 컴퓨터에서 나는 소리 등 기계음과 전자음의 홍수 속에 산다. 하지만 그런 기계음과 전자음보다 숲에서 나는 소리가 익숙하고 편안하다.

숲이 얼마나 빽빽한가? 바늘잎나무가 많은가, 넓은잎나무가 많은가? 어떤 동물이 사는가? 등에 따라 들리는 소리가 다르다.

옛날에는 지금 숲에서 듣는 것보다 훨씬 다양한 소리가 들렸을 것이다. 지금 우리 숲에서 사라진 호랑이 소리도 100년 전에는 들렸을 테고, 여우와 늑대를 비롯한 포유동물이 으르렁거리는 소리, 수많은 벌레가 날개 비비는 소리, 양서류가 짝을 찾는 소리에 숲은 시끌시끌했을 것이다.

주변에서 들리는 소리를 소리 풍경soundscape이라고 한다. 우리는 소리 풍경에 둘러싸여 지냈고, 그 소리를 듣고 웅얼거리고 따라 하면서 말도 하고, 노래를 부르고 음악을 만들었을 것이다. 오케스트라 연주를 듣다 보면 웅장한 소리, 경쾌한 소리, 클라리넷의 청량하고 맑은 소리 등이 골고루 섞였다. 사물놀이도 그렇다. 징은 바람, 장구는 비, 북은 구름, 꽹과리는 우레 등 자연의 소리를 흉내 낸 것이다.

오늘날 원시시대의 노랫소리를 듣기는 어렵지만 유추할 수 있다. 원주민의 삶이 남은 아마존이나 툰드라에 사는 유목민의 노래를 들으면 원시적인 소리가 난다. 목의 떨림이나 소리의 높낮이 등 자연의 소리를 흉내 내는 것을 알 수 있다. 모두 자연의 소리를 닮았다. 멀리서 벌레가 찌르르 우는 소리, 바람이 지나가 나뭇잎이 흔들리는 소리, 으르렁거리는 동물 소리, '도도도라' 계명에 맞는 검은등뻐꾸기 소리… 원시의 오케스트라다.

사람은 귀에 익숙한 소리를 따라 한다. 그렇게 지금 우리가 듣는 음악이 탄생한 것이다. 도시에서 나는 소리를 따라 하다 보면 멋진 음악이 탄생할 수 있을까? 자연에서 멀어진 우리는 숲에 가서 원래 음악에 귀 기울여야 하지 않을까? 숲에 가서 조용히 눈을 감고 있어보자. 타임머신을 만들 필요가 없다. 눈을 감으면 과거로 갈 수 있다.

소리 지도 그리기

종이 중간에 동그라미를 하나 그리고 '나'라고 쓴다. 나침반이 있으면 정확히 기입하고, 없으면 대략 동서남북을 표시한다. 방향에 맞게 자리에 앉아서 눈을 감는다. 나를 중심으로 주변에서 들리는 소리를 표시한다. 소리가 크면 동그라미를 크게 그리고, 멀리서 들리면 멀리 그린다. 이런 식으로 나를 둘러싼 소리 지도를 그려본다.

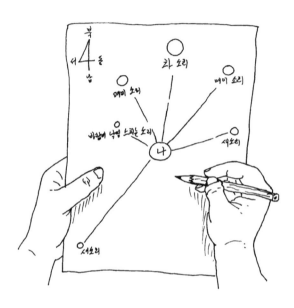

새소리

숲에서 귀가 솔깃한 소리는 단연 새소리다. 숲에 가서도 새를 직접 보기는 쉽지 않다. 소리를 듣고 새가 있다는 것을 알 뿐이다. 새를 만나려면 소리에 귀 기울이는 방법을 알아야 한다. 먼저 천천히 걷는다. 그리고 소리가 들리는 방향을 찾아 그 근처를 찬찬히 살핀다.

우리나라 숲에 많이 사는 새는 까치, 어치, 까마귀, 직박구리, 박새, 곤줄박이, 멧비둘기, 뻐꾸기, 검은등뻐꾸기, 꿩 정도다. 새들이 운다고도 하고, 지저귄다고도 하고, 노래한다고도 한다. 우는 건지 노래하는 건지 명확하지 않다. 전문가의 연구에 따르면 한 가지 소리로 우는 것이 아니라고 한다. 수십 가지로 운다니 일종의 언어라고 할 수 있다.

큰 새보다 작은 새가 울음소리를 내는 울대(명관鳴管)가 발달해서 아름다운 소리를 낸다. 맹금류를 피해 덤불 속에 숨어서 자기들끼리 대화하기 위해 발달시킨 결과라고 볼 수도 있다. 강자는 대화할 필요성이 적고, 약자는 자기들끼리 의사소통을 해야 살아남는 데 도움을 받는다. 권력을 손에 쥘수록 소통 능력이 떨어지는 것은 어쩌면 동물의 세계에서 비롯됐는지 모른다.

숲에 들어가면 편한 곳에 앉거나 나무에 기대 눈을 감고 가만히 귀 기울인다. 멀리서 들리는 소리를 집음기처럼 잡아낸다. 여러 가지 소리 중에 새소리만 듣고, 그 숫자를 세어본다. 새가 꽤 많은 것을 알 수 있다. 밤하늘에 별이 늘 있지만 낮에는 보이지 않듯이, 새소리도 우리 주변에서 들리지만 더 큰 소리로 떠들어대느라 듣지 못한다. 내가 조용히 하고 주변의 소리에 귀 기울이면 듣지 못하던 소리가 들린다.

가끔 숲에서 '드드드드 드드드드' 소리가 들릴 때가 있다. 사람들은 보통 딱따구리 울음소리인 줄 아는데, 딱따구리는 '삐~삐~' 하고 다람쥐처럼 운다. 우리가 듣는 소리는 딱따구리가 나무를 쪼는 소리다. 정확히 말하면 쪼다기보다 두드리는 소리다.

"혹시 그 안에 누구 있나요?" 하고 노크하는 소리로, 드러밍drumming이라고 한다. 드럼 치는 것을 드러밍이라 하고, 고릴라가 가슴을 치는 행동도 드러밍이라고 한다. 안에 벌레가 들었는지 알아보는 행동이다. 감각이 뛰어나 드러밍으로 안에 벌레가 들었는지 알아낸다. 벌레가 있는 것이 확인되면 그때부터 쪼아댄다. 나무꾼이 도끼로 나무를 자르듯이 부리로 쪼아댄다. 1초에 10~20번 쪼는데, 사람은 이 충격이 10퍼센트만 가해져도 뇌진탕을 일으킬 정도다.

어떻게 하루에 1만 2000번이나 나무를 쪼아댈 수 있을까? 특수한 머리뼈 구조 때문이다. 해면체로 된 머리뼈, 그것을 감싸는 목뿔뼈, 길이가 다른 부리 등이 충격을 줄이는 데 도움을 준다고 한다.

딱따구리 외에 다른 새도 드러밍을 한다. 박새나 동고비 등이 나무줄기를 두드리며 다니는 것을 본 적이 있다.

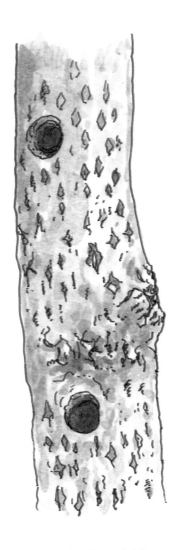

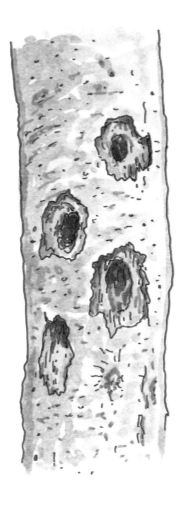

딱따구리 둥지 – 은사시나무
살아 있는 나무에 동그랗고
깊게 둥지를 만든다.
딱따구리가 쓰고 난 둥지를
다람쥐, 청설모, 동고비 등
다른 동물이 사용하기도 한다.

먹이 잡아먹은 흔적 – 물오리나무
나무 속에 있는 애벌레를 잡아먹은
흔적이다. 이런 흔적은
죽은 나무에 많다. 애벌레가
죽은 나무 속에 많기 때문이다.
마치 총알을 맞은 듯하다.

새소리 하면 떠오르는 이야기가 있다. 베토벤은 오스트리아 빈의 숲 속을 산책하다가 새소리에서 영감을 얻어 〈운명 교향곡〉을 작곡했다고 한다. 〈운명 교향곡〉에서 유명한 빠바바밤~ 빠바바밤~ 하는 부분이 새소리에서 영감을 얻은 것이란다. 이 이야기를 듣자마자 '아하, 그 새로구나' 하고 무슨 새소리인지 알 것 같았다. 여름철 숲 속에서 '따다다다~ 따다다다~' 하고 우는 새가 있다. 바로 검은등뻐꾸기다. 누구나, 어떤 분야에 종사하든 자연과 가까이 지내다 보면 살아가는 데 필요한 영감을 얻을 것이다.

뻐꾸기는 왜 둥지를 만들지 않을까?

사람들이 재밌어하는 새 이야기가 뻐꾸기의 탁란托卵이다. 탁란은 자기 알을 다른 새에게 맡기는 것인데, 뻐꾸기 종류 새들이 주로 한다. 새들은 대개 풀 줄기, 나뭇가지, 흙, 거미줄, 이끼 등 자연에서 재료를 구해 둥지를 튼다. 감탄스러울 정도로 정교하게 둥지를 트는 새도 있고, 알이 빠질 만큼 엉성하게 둥지를 트는 비둘기 같은 새도 있다.

뻐꾸기는 둥지를 짓지 않고 다른 새에게 자기 알을 맡긴다. 다른 새 둥지에 알을 한 개씩 낳는데, 그 알이 먼저 부화해서 다른 알을 모두 둥지 밖으로 밀어내고 먹이를 독차지하며 자란다. 사람들은 얌체 같고 이기적(?)인 이야기를 듣고 나면 뻐꾸기를 싫어한다. 욕심 많거나 못된 새라고 생각한다. 뻐꾸기가 왜 둥지를 짓지 않는지 정확히 알지 못한다. 몇 가지 설이 있다.

첫째, 철새이다 보니 멀리 이동하며 체력 소모가 많아서 둥지를 짓기 어렵다. 둘째, 몸이 길어서 알을 품기 적당하지 않다. 셋째, 다 자란 뻐꾸기는 주로 독이 있는 곤충을 먹는데, 새끼는 아직 해독할 내성이 없어 독이 없는 애벌레를 먹이로 삼는 새에게 맡긴다. 넷째, 한곳에 알을 낳으면 만일의 사태에 모두 잃을 수 있어 여러 군데에 한 알씩 낳아 분산 정책을 취한다. 나는 마지막이 가장 설득력 있고, 셋째도 일리 있는 이야기라고 생각한다. 첫째와 둘째는 크게 해당이 없을 듯하다.

뻐꾸기가 되어 다른 새 둥지에 알을 낳는다고 생각해보자. 어떻게 해야 할까? 들키지 않아야 한다. 알을 빨리 낳고 부화해야 하니, 배 속에서 오래 품었다가 곧 부화할 알을 낳는다. 둥지를 지키는 새들이 자리를 비우는 시간을 알아채고 알 색깔이나 크기도 거의 비슷해야 하니, 관찰력이 좋고 부지런해야 한다. 이런 열정이면 차라리 둥지를 짓는 게 낫겠다. 뻐꾸기가 둥지를 짓지 않는 것은 체력이나 의지의 문제가 아니다.

탁란을 당하는 새는 개개비, 딱새, 붉은머리오목눈이 등 몸집이 작은 새인데, 뻐꾸기 새끼가 부화해서 자랄 때 그 새들보다 훨씬 체격이 큰데도 제 새끼로 알고 먹이를 물어다 주며 키우는 게 신기하다. 뻐꾸기 주둥이가 붉어서 본능적으로 거기에 먹이를 물어다 주는지, 제 새끼치고 꽤 잘 큰 것으로 보는지 그 까닭은 아직 모른다. 그렇게 키운 새가 자기 둥지에 다시 탁란을 할 텐데 정성스레 키우는 것은 참 아이러니한 일이다.

탁란이 100% 성공하지는 못하는 것이 그나마 다행이다. 성공률이 30% 정도라고 한다. 우리가 기억해야 할 일은 탁란 하는 뻐꾸기나 탁란 당하는 딱새와 개개비도 살아남기 위해 섬세한 관찰력이 필요하다는 것이다.

새똥

밖에서 가장 쉽게 만날 수 있는 동물은 새다. 곤충이 많기는 하지만 눈에 잘 띄지 않는다. 동물은 먹고 싼다. 새똥도 어디서나 발견할 수 있다. 새는 항문과 요도가 구분되지 않아 오줌과 똥을 함께 싼다. 그래서 새똥은 대개 물똥이다. 새똥은 보통 흰색에 여러 색깔이 섞였다. 미국자리공 열매를 먹으면 보라색 똥을 싼다. 찔레나무 열매를 먹으면 씨앗이 든 주황색 똥을 싼다.

새가 먹은 열매의 씨앗이 새똥과 함께 땅에 떨어진다. 주변에 새가 심은 풀이나 나무가 꽤 있다. 새가 심은 나무인지 아닌지 알아보는 방법은 간단하다. 먼저 아무 나무나 정한다. 같은 나무가 주변에 있는지 본다. 몇 미터 안에 있다면 나무에서 떨어져 스스로 번식한 것이다. 도토리가 대표적이다. 빗물이나 개미가 옮긴 것도 멀리 가지는 못한다. 같은 종류 나무가 수십 미터 밖에 있거나 보이지 않는다면 새나 바람, 포유류가 옮긴 것이다. 씨앗에 날개가 달렸다면 바람을 탄 것이고, 열매가 크고 과육이 많다면 포유류가 옮긴 것이다. 씨앗이 작고 날개가 없고 주로 빨간색을 띤다면 새가 옮긴 나무다.

새는 눈이 좋다. 시각세포 개수로 따지면 인간보다 12배나 많다고 한다. 새가 되어보지 않아서 어떻게 보는지 정확히 알 수 없지만, 우리보다 눈이 좋은 건 확실하다. 새가 찾아오길 바라는 식물도 있다. 잎을 갉아 먹는 애벌레를 얼른 먹어 치워달라고 새를 부르기도 하지만, 그보다 자기 유전자를 멀리 보낼 때 새의 힘을 빌리기 위해서다.

새는 눈이 좋아서 굳이 열매가 빨간색을 띠지 않아도 된다. 새를 부르는 식물의 열매는 주로 빨갛게 익는데, 그것은 새가 다른 색보다 빨간색을 잘 보기 때문이 아니라 초록과 빨강을 구별할 줄 알기 때문이다. 식물 입장에서는 새가 익지 않은 열매를 먹으면 열심히 만든 결과가 헛일이 된다. 다 익은 다음에 새가 먹고 그 씨앗을 멀리 보내줘야 한다. 그래서 익지 않았을 때 초록색이고 익으면 빨개지는 경우가 대부분이다. 새는 빨간색과 초록색을 구별하기 때문에 익은 열매만 따 먹는다.

포유류는 색깔을 못 보는 경우가 많다. 초록과 빨강을 구별하지 못하는 것은 당연하다. 그러니 포유류를 위해 빨갛게 변할 필요는 없다. 빨간색으로 익는 열매가 많지만, 파란색이나 검은색으로 익어가는 열매도 있다. 새는 그것도 구별한다. 그렇게 먹고 날아가다가 몸이 무거우면 안 되니 바로 배설한다. 그때 씨앗이 엄마 나무에서 멀리 가는 것이다.

새가 먹는 열매

찔레나무 열매
잘 익은 열매를 잠시 가방에
넣어두었는데 으깨져 안에서
씨앗이 나왔다.
11.01

작살나무 열매
열매가 익으면 이런 색이 된다.
노린재나무 열매와 함께
가을날 숲에서 보석을 만난 듯한
느낌을 주는 열매다.

잎이 보라색으로 물든다.
안토시아닌이 많아서
그렇겠지?

쥐똥나무 열매가 익어간다.
가을이 깊어간다.
10.28

까마귀베개 열매

뽕나무 열매
06.03

산딸나무 열매

목련 열매

꽃사과 열매
10.28

비목나무 열매는 새빨갛다.
혹시 사회복지공동모금회
사랑의열매가
비목나무 열매를
보고 디자인한 걸까?
08.02

담쟁이덩굴 열매

산벚나무 열매
06.05

팥배나무 열매

산수유나무 열매

노린재나무 열매
열매가 익으면 이런 색으로 변한다.
숲에서 만나는 가장 신비한 열매다.
08.02

주목 열매

깃털

깃털은 웬만한 곳에서 다 볼 수 있다. 새는 1년에 한 번 깃털을 갈기 때문이다. 우리가 숲에서 보는 깃털은 대개 까치 깃털이다. 다른 새에 비해 수가 많기도 하고, 깃털이 크고 흰색과 검은색이 섞여서 눈에 잘 띈다. 비슷한데 까맣기만 하고 푸르스름한 광택이 나면 까마귀 깃털일 가능성이 높다.

지구상에 새가 4000억 마리 산다고 한다. 사람보다 60배 많은 셈이다. 깃털은 적은 새가 1000개 정도이고, 고니처럼 많은 새는 2만 5000개까지 있다. 깃털은 지금까지 발견된 어느 것보다 가볍고 효율적인 단열재여서 비행과 체온 유지에 적합하다.

인간이 그린 그림 중 가장 오래된 쇼베 동굴벽화에 칡부엉이 그림이 있다. 3만 2000년이나 됐다니 참 오래된 그림이다. 사람은 오래전부터 새와 함께하며 새를 닮고자 했다. 특히 깃털의 내구성과 공기역학적 구조는 레오나르도 다빈치부터 현재 수많은 엔지니어에게 영감을 주었으며, 비행기는 인간이 새를 닮고자 하는 욕망의 결과물이다.

날지 못하는 인간은 신이 있는 하늘에 가까이 나는 새를 숭배하고, 여러 가지 의미를 부여하기도 했다. 우리나라에는 새를 상징물로 만든 것 중에 솟대가 있다. 솟대에는 기러기가 앉았다. 철새인데다 물과 하늘을 오가니 천국과 지옥, 하늘과 땅을 잇는 대상으로 생각했을 것이다. 이 모든 것이 깃털 덕분이다.

깃털은 자란다. 어린 새를 생각해보면 이해가 빠르다. 그 사실을 생각못 하는 경우가 많다. 나도 생각하지 못했다. 모든 새는 1년에 한 번 깃털을 간다. 깃털도 1년 쓰면 낡고 색이 바래기 때문이다. 수컷은 암컷에게 잘 보여야 하는데, 깃털이 낡고 바래면 선택받을 확률이 낮아지니 새 깃털로 바꿔야 한다.

새의 조상인 시조새는 과연 하늘을 날았을까? 많은 논란이 있었지만, 최근에는 날았을 것으로 보는 설이 우세하다. 깃털의 모양 때문이다. 깃털은 저마다 모양이 다른데, 날개깃이 되는 부분의 깃털은 대부분 비대칭이다. 깃털 중심축을 기준으로 양쪽이 차이가 난다. 차이가 클수록 맨 끝의 깃털이다. 안쪽으로 갈수록 깃털이 점점 대칭으로 변한다. 시조새가 단 깃털도 비대칭이었다. 새는 깃털이 비대칭이어야 날 수 있다. 그 원리는 오른쪽 그림에서 보듯 간단하다.

깃털에는 동물이 하늘을 날고 싶어 한 수억 년 역사가 담겼다. 깃털뿐만 아니라 어떤 자연도 지금의 그 모습이 되기까지 수억 년씩 진화했다. 새에게 깃털이 있고 날개가 있다는 사실이 생각할수록 신기하다. 그래서인지 깃털을 하나 주우면 버리지 않고 자꾸 집에 가져와 그린다. 이 깃털의 주인공은 지금도 하늘을 날겠지?

새 몸의 명칭

부리　머리꼭대기
눈썹선
뒷목
턱　　　　　등
목　　　　　　허리
가슴　　　　　　꽁지깃
배
옆구리　　　　　아래날개깃
안발가락　　　뒷발목뼈
바깥발가락　넓적다리
가운뎃발가락　뒷발가락
발톱

깃털 명칭

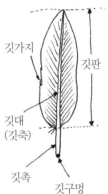

깃가지
깃판
깃대
(깃축)
깃축
깃구멍

비대칭 깃털이 있어야 날 수 있는 이유

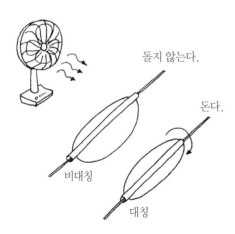

돌지 않는다.

돈다.

비대칭

대칭

빨대에 종이를 붙여서
실험해보면 알 수 있다.
빨대를 중심으로 양쪽을
비대칭으로 하면 바람이 불 때
자리를 잡고 돌지 않는다.
대칭으로 된 것은 마구 돈다.
여러 깃이 겹쳐졌다고 생각하면
바람을 안고 날기 위해서는
깃끼리 붙어서 바람을 잘 받아야
하기 때문에 비대칭 깃털이
있어야 한다.

여러 가지 깃털

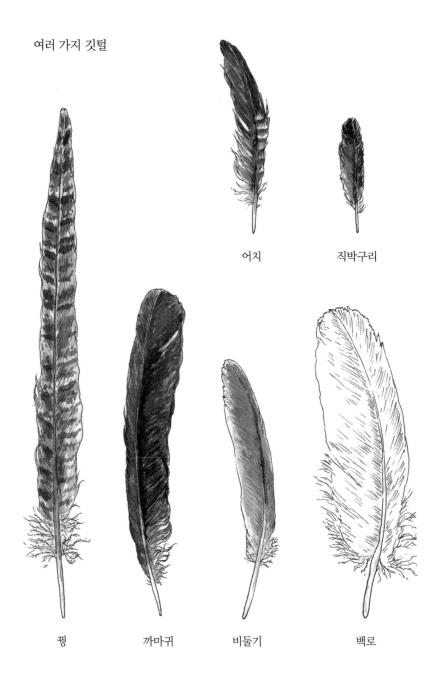

어치   직박구리

꿩   까마귀   비둘기   백로

왜가리   까치   황조롱이

거미

인간 말고 도구를 사용하는 동물이 몇 있다. 늘 우리 곁에 있는 거미가 그중 하나다. 그 거미줄이 자기 몸에서 나온다는 점이 놀랍다. 밖에서 구한 것이 아니라 자기 몸에서 분비하는 물질을 덫이나 머무는 공간으로 사용하고, 알을 낳고 보호하는 알집으로도 사용한다. 거미는 누구보다 생태적으로 사는 동물이다.

거미줄을 들여다보면 참 신기하고 멋지다. 거미줄은 일종의 그물이다. 먹이를 사냥하는 덫인 셈이다. 곤충이 자주 날아다니는 길목에 적당한 높이와 넓이로 덫을 놓는다. 무심코 지나던 잠자리, 매미, 나비, 벌 등이 걸린다.

머리카락이나 얼굴에 붙은 거미줄을 떼보면 끈적끈적하다. 거미줄에 낙엽이나 나뭇가지가 걸리기도 하다. 가끔 작은 새가 걸릴 정도로 접착력이 강하고, 실이 그물처럼 쳐져서 웬만한 무게도 잘 견딘다.

어릴 때 동그랗게 만든 철사를 막대기에 달고, 산왕거미 거미줄을 그 막대기에 모아서 매미를 잡으러 다녔다. 매미나 잠자리를 잡으려는 아이뿐만 아니라 오목눈이 같은 새도 거미줄을 가져간다. 오목눈이는 거미는 잡아먹고, 거미줄은 둥지 지을 때 섞어서 사용한다. 구멍을 작게 내도 새끼들이 자라서 나올 때는 그 구멍이 늘어난다고 한다. 어쩌면 오목눈이가 사람보다 먼저 스판덱스를 개발한 것인지도 모른다.

거미줄은 세로줄은 끈적이지 않고, 가로줄이 끈적인다. 끈적이는 가로줄이 있어 거미줄이 덫의 기능을 한다. 거미는 왜 거미줄에 붙지 않을까? 예전에는 거미가 세로줄만 밟고 다녀서 그렇다고 했다. 하지만 최근 연구에 따르면 거미의 발에는 발톱이 여러 개 있는데 한 개가 붙어도 다른 발톱으로 빼낼 수 있고, 발에서 기름 성분이 나와 거미줄에 붙지 않는다고 한다.

또 다른 연구에 따르면 거미의 발에 빽빽하게 난 가늘고 빳빳한 털 때문이라고 한다. 이 털은 거미줄의 끈끈이와 닿는 면적을 최소한으로 줄이고, 끈끈이가 발에 묻는 것을 막아준다. 이 밖에도 거미는 몸 표면에 끈끈이에 붙는 것을 막는 화학물질 층이 있는 것으로 드러났다고 한다.

거미줄은 가늘어서 잘 보이지 않는다. 거미줄을 선명하게 보고 싶거나 사진을 찍고 싶을 때는 방법이 있다. 거미줄에 밀가루를 뿌렸다는 사람도 있는데, 그러면 거미줄이 덫 기능을 못하니 거미에게 몹쓸 짓을 한 셈이다. 밀가루 대신 분무기로 물을 살짝 뿌리면 거미줄에 물 분자가 묻어 선명하게 보인다. 물은 금세 증발하니 거미줄에 손상을 주지 않는다.

거미 종류가 다 거미줄을 치지는 않는다. 종류에 따라 거미줄 치는 모양이 다르고, 깡충거미와 늑대거미 종류는 아예 거미줄을 치지 않고 숲에서 곤충을 사냥한다.

거미는 한번 보면 계속 눈에 띈다. 관심을 가지고 보면 의외로 주변에 많다. 나무줄기와 풀숲에 공간이 있으면 어김없이 거미줄이 보인다. 낙엽 더미를 슬쩍 들춰봐도 거미가 있다. '당신 주변 1제곱미터 안에 반드시 거미가 산다'는 말이 있을 정도로 거미는 아주 많다. 잠시 집을 비우면 금방 거미줄이 생긴다. 어디 있다가 나타나는지 신기하다.

어느 팀이 연구한 바에 따르면, 거미의 개체 수는 1제곱미터에 1000마리 정도라고 한다. 지구상에 있는 거미를 모두 합하면 2500만 톤에 이른 다고 한다. 먹는 양도 어마어마하다. 먹이가 대부분 곤충인데, 고래가 먹 는 양보다 많다고 한다. 지구에 사는 고래가 먹는 총량은 2억 8000만~5 억 톤인데, 거미가 먹는 양은 4억~8억 톤에 이른다. 거미 개체 수가 얼마 나 많은지 알 수 있다.

이렇게 많다 보니 곤충을 잡아먹고 새와 같은 동물의 먹이가 되며 생 태계에서 중요한 고리를 이룬다. 우리는 여러 가지로 거미의 신세를 지 는 셈이다.

거미는 곤충이 아니다. 날개가 없고, 다리가 여덟 개고, 몸 구조도 다르 다. 그래서 곤충과 따로 떼어 분류한다. 거미를 보면 징그럽거나 무섭다 고 피하는 사람이 많다. 심지어 막 죽이기도 한다. 거미가 없었다면 우리 주변은 수많은 곤충으로 들끓었을 것이다.

거미줄 치기

❶ 나뭇가지에
기어오른다.

❷ 실을 가지에 붙이고
다른 실을 뽑아서
바람에 날리며
반대쪽으로 날아간다.

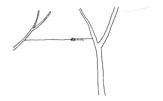

❸ 반대쪽으로 와서
실을 붙이고 몇 번
왔다 갔다 한다.

❹ 중간쯤에서 실을
타고 내려온다.

❺ 아래쪽에 실을
붙인다.

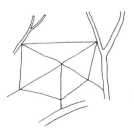

❻ 외곽 틀을 짜기
시작한다.

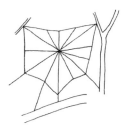

❼ 외곽 틀에 방사상으로
세로줄을 만들어간다.

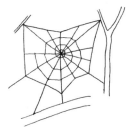

❽ 세로줄이 어느 정도
만들어지면 나선형으로
가로줄을 만들어간다.

❾ 더 촘촘하게 가로줄을
만들어서 완성한다.

호랑거미와 무당거미

우리가 산책하다가 만나는 거미는 주로 무당거미다. 가끔 호랑거미도 만나는데, 둘이 헷갈리는 경우가 있다. 무당거미가 몸이 좀 길고, 배에 붉은색이 돌아서 알아볼 수 있다.

호랑거미
줄무늬가 호랑이 무늬를 닮아
호랑거미라고 한다.
몸통이 길쭉한 긴호랑거미도 있어서
무당거미와 헷갈린다.

무당거미
배 쪽에 붉은빛이 돌아
오방색을 연상시켜서 무당거미라는
이름이 붙었다.

거미줄에 있는 흰 띠의 비밀

X 자나 일자로 흰 띠가 있는 거미줄을 본 적이
있을 것이다. 주로 호랑거미 거미줄에서 보인다.
분명히 거미가 어떤 의도로 만들었을 텐데,
정확한 까닭을 모르겠다. 거미 학자마다
견해도 조금씩 다르다.
첫째, 거미줄을 튼튼하게 하기 위해서라는
것이다. 둘째, 천적에게서 자기 몸을 숨기기
위해서라는 것이다. 셋째, 꿀샘으로 착각하게 하여
곤충을 유인하기 위해서라는 것이다. 모두 일리가
있지만, 마지막이 가장 설득력 있는 내용으로 주목받는다.

팥배나무

팥배나무는 동네 공원에 별로 없는데, 숲에 가면 바로 눈에 띈다. 남산에도 있지만 북한산에 아주 많다. 팥배나무는 줄기가 회색에 가깝고 매끈하다. 가끔 가지가 떨어진 부분이 커다란 눈처럼 보인다. 이런 눈 모양 무늬는 자작나무나 물오리나무에서도 볼 수 있다. 다른 나무도 가지가 떨어진 부분이 비슷한 모양일 텐데, 나무껍질이 매끈하다 보니 더 눈에 띈다. 숲에서 딴짓하지 말라고 감시하는 눈 같다.

열매가 팥알만 하고 배꽃을 닮은 꽃이 피어서 팥배나무라고 한다. 팥배는 단맛이 적고 과육이 적고 푸석푸석해 사람이 먹기엔 맛이 좀 없다. 하지만 새에게는 좋은 먹거리다. 잎은 고랑이 깊은 잎맥 때문에 금방 팥배나무인 것을 알 정도로 특징적이다.

히어리, 황매화, 산가막살나무, 덜꿩나무, 까치박달도 잎맥 고랑이 깊고 선명하다. 왜 그런지 정확히 모르겠다. 고랑은 빗물이 빨리 내려가라고 있으니, 다른 나무에 비해 빗물을 흘려보내는 기능이 떨어지는 게 아닐까? 나뭇잎의 왁스 층은 빗물을 빨리 흘려보내는데, 왁스 층이 덜 발달한 나무는 고랑을 깊게 파서 빗물을 빨리 흘려보내는 것 같다. 팥배나무나 위에 예를 든 나무는 다른 나무에 비해서 왁스 층이 적다.

빗물은 나무에게 이롭지만, 잎에 오래 머무르면 좋지 않다. 기공을 막아서 숨을 못 쉬거나, 동그랗게 남아 돋보기 역할을 해서 불이 나거나, 겨울에 잎이 얼게 한다. 그러니 잎은 물방울을 얼른 흘려보내려고 하는 것이다. 빗방울이 잎에 남았다가 증발하는 게 아니라 아래로 떨어져서 뿌리가 흡수할 수 있도록 해주는 것도 필요하다. 어쨌든 물방울이 잎에 오래 머무는 건 나무에게 손해다. 잎자루가 있으면 잎이 잘 흔들리는데, 바람이 불 때 잎에 생기는 마찰력을 줄이고, 비가 올 때 빗물이 잘 내려가게 해준다.

식물 잎에는 대개 미세한 털이 있다. 이 털은 작은 애벌레가 잎을 갉아 먹거나 기어오르기 어렵게 하고, 공기 중에 있는 수분이 새벽에 추워지면서 물로 변할 때 그 물을 잡아채는 역할을 한다. 그렇게 잡아챈 물을 잎이 오래 갖고 있지 않고 아래로 흘려보내야 뿌리로 갈 수 있기 때문이다. 나뭇잎도 하는 일이 참 많다.

팥배나무
잎맥이 뚜렷하고 골이 깊다.

04.27

뒷모습이 동그란 게
숟가락 같다.

암술머리가
둘로 갈라졌다.

팥배나무 열매

287

진달래

　조금 올라가니 진달래가 보인다. 진달래는 사시사철 그 자리에 있는데, 다른 계절에는 눈에 띄지 않다가 봄이 되어야 보인다. 칙칙한 이른 봄, 숲에서 명도 높은 분홍 꽃이 핀다. 그제야 '여기 진달래가 있구나!' 한다.

　예전에는 산에 소나무와 진달래가 많았는데 요즘은 보기 어려워서 안

피고 나면 색이
좀 연해진다.

피기 전엔 정말
진하다.

04.27

타깝다고 하는 분도 있다. 소나무와 진달래는 척박한 환경에도 잘 견디며 자란다. 옛날 우리나라 산은 헐벗어 토양이 유실되고, 산사태가 많이 났다. 토양에 양분이 별로 없었다. 숲을 가꾸며 나뭇잎이 쌓이고 나뭇잎이 흙이 되면서 지금은 건강한 숲으로 거듭났다. 나무도 여러 종류로 늘었다. 특히 참나무 종류가 잘 자란다. 그러니 진달래가 덜 보인다고 서운해할 필요는 없다.

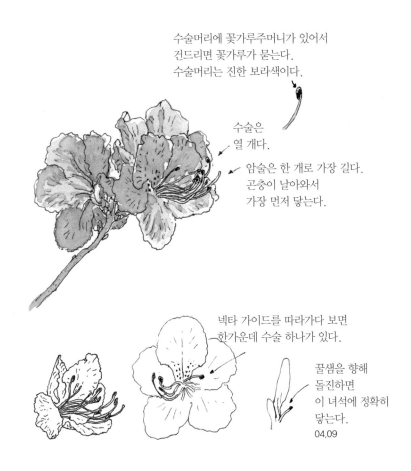

수술머리에 꽃가루주머니가 있어서 건드리면 꽃가루가 묻는다. 수술머리는 진한 보라색이다.

수술은 열 개다.

암술은 한 개로 가장 길다. 곤충이 날아와서 가장 먼저 닿는다.

넥타 가이드를 따라가다 보면 한가운데 수술 하나가 있다.

꿀샘을 향해 돌진하면 이 녀석에 정확히 닿는다.
04.09

주변에 철쭉도 있다. 철쭉은 진달래보다 조금 옅은 분홍색이다. 꽃이 더 크고, 잎도 더 넓고 꽃 모양으로 나서 구별이 가능하다. 두 식물은 과가 같은 사촌으로, 둘 다 꽃잎에 점이 있다. 그 점을 허니 가이드honey guide 혹은 넥타 가이드nectar guide라고 한다. 꿀이 있는 것을 알려주는 점이다.

진달래는 그냥 꽃잎을 따 먹었다. 철쭉은 먹으면 탈이 난다고 한다. 철쭉이라는 이름은 한자 척촉躑躅에서 유래했다. 머뭇거릴 척, 머뭇거릴 촉이다. 꽃이 아름다워 머뭇거렸다는 말도 있지만, 꽃을 먹고 독 때문에 비틀거리며 절룩거렸다고 말하기도 한다.

넥타 가이드

진달래 같은 꽃은 꿀이 나오는 곳을 다른 부위와 구별되게 반점이나 색깔로 표시하는데, 그 무늬와 색깔이 마치 꿀이 나오는 곳을 알려주는 것 같다 해서 넥타 가이드 혹은 허니 가이드라고 부른다. 꿀은 벌이 만드는 것이니, 꽃이 만드는 달콤한 물질은 넥타라고 부르는 게 맞겠다. 보통은 꽃이 만들어낸 물질도 꿀이라고 하며, 허니 가이드라는 말을 많이 쓰는 모양이다.

곤충은 우리 눈에 보이지 않는 자외선을 볼 수 있다. 그러니 우리가 보는 꽃과 벌이 보는 꽃은 다르다. 자외선 카메라로 특수촬영 한 결과, 거의 모든 꽃에 넥타 가이드가 있다고 한다. 우리 눈에는 없는 듯해도 벌에게는 보이는 것이다. 넥타 가이드는 꽃이 곤충을 부르는 수단이다.

넥타 가이드에 해당하는 우리말이 '벌안내'라고 하는데, 좀 어색하다. 꿀길, 꿀표시점, 벌안내 길 등으로 부르는 사람이 있지만 어색하긴 마찬가지다. 참고로 일본에서는 밀표蜜標라고 한다. 우리도 좀 더 입에 잘 붙고 뜻도 맞는 말을 만들면 좋겠다.

질경이

  길에서 보던 질경이가 북한산 정상에도 있다. 이 작은 풀이 어떻게 여기까지 왔을까? 답은 바로 사람이다.

  질경이는 다른 풀에 비해 잎과 줄기가 질기다. 어릴 때는 질경이 줄기를 뜯어 '영치기달치기' 하며 당겨서 끊기 놀이를 했다. 그만큼 질기다. 질경이 잎을 찢으면 안에 하얀 실 같은 게 있다. 그것이 잎을 더 질기게 해서 이름이 질경이가 되었다고 한다. 이름의 유래는 여러 가지가 있으

질경이는 다른 풀과 키 경쟁에서 불리하기 때문에 길로 나왔다.
햇빛을 받기는 좋지만 지나가는 사람의 발걸음이나 수레바퀴가 시련이다.
시련을 이겨내면 그 후론 내 길이다. 그게 블루 오션이다.
07.27

니 다음으로 넘기고, 질경이가 어떻게 산 정상에 올라왔는지 알아보자.

질경이 꽃이나 열매는 작은 게 이삭처럼 달린다. 그릇처럼 생긴 열매는 뚜껑이 반으로 열리고, 그 안에 깨보다 작은 씨앗이 들었다. 사람들이 걸으면서 질경이를 건드리거나 밟으면 신발이나 옷에 씨앗이 묻어 이동한다. 등산객이 많으니 그중에 누구의 신발에 붙어서 이동했을 것이다. 한 포기만 있어도 그다음에는 많은 사람들이 다니면서 주변으로 옮겼을 것이다.

사람들에게 밟히며 번식시키는 질경이의 전략이 경이롭다. 남들은 가지 않는 길을 간 것이다. 키를 키워서 다른 풀이나 나무와 경쟁하는 것보다 키를 낮추고 다른 풀이 잘 가지 않는 길로 나오는 방법을 택했다. 사람들이 다니며 길에 난 풀을 밟는다. 질경이는 몸을 질기게 해서 다른 풀에게 시련인 사람들의 발길을 극복하고, 그 발길을 번식 전략으로 삼았다.

스스로 일을 만들어가는 데 시련이 없을 리 없다. 창의적인 아이디어나 부모의 도움, 좋은 학벌 등이 중요하지만, 고집스럽게 견디고 참아내는 것이 더 중요하다. 신선하고 반짝이는 아이디어를 지나치게 강조하는 시대에 시련을 견디고 인내하며 꾸준히 자기 길을 가는 것도 생각해볼 필요가 있다. 질경이에게 배우는 삶의 지혜다.

잎을 찢어보면
질긴 심이 들었다.

질경이 열매는 냄비처럼 뚜껑이 있다.
잘 익으면 작은 충격에도 뚜껑이 열리며
깨알 같은 씨앗이 밖으로 나온다.
열매 달린 위치가 사람이 걷다 보면
신발에 걸리는 부위다.
산 정상에 가도 질경이가 있다.

08.07

질경이 이름

한자로 차전초車前草라고 한다. 수레 앞을 막은 풀, 수레에 밟히는 풀이다. 질겨서 질경이라 했
다고 하고, 다른 유래도 많다. '질'을 '길'의 사투리로 보면 길에서 자주 보이는 풀이라 길경이
에서 질경이가 됐을 수도 있다. '경'은 줄기 경莖으로도 해석할 수 있다.

내 고향에서는 '빠뿌쟁이'라고 한다. '배비장이' '배부장이'라고 부르는 지역도 있다고 한다. 여
러 이름 중에서 적당한 것으로 정했으리라. 길에 있고 줄기가 질기니 질경이란 이름이 잘 어울
린다.

비

하늘이 흐리더니 비가 한두 방울 떨어진다. 숲 속에서는 나뭇잎 덕분에 한동안 비를 피할 수 있다. 발걸음을 재촉해 산을 내려간다. 생각해보니 비는 정말 힘이 세다. 이 산도 비가 깎아낸 조각품이다. 단단한 곳은 덜 깎이고 부드러운 데가 많이 깎여서 남은 것은 봉우리가 되고, 깎인 부분은 골짜기가 된다. 이것을 차별침식이라고 한다. 그 결과 산과 계곡이 생기고, 냇물이 흘러 강이 되고, 사람들은 다리를 놓고 배를 만들었다. 비는 세상의 모습과 인간의 삶을 바꿀 정도로 힘이 세다.

달리 생각해보면 비는 생명이다. 인간뿐만 아니라 지상의 모든 생물이 먹는 물이 다 빗물이다. 비가 오니 숲 풍경도 바뀐다. 나무껍질 색이 짙어지고 주변이 어두워진다. 발걸음을 서두른다. 숲 속 생물도 바쁘긴 마찬가지다. 새들은 품던 둥지 속 알에 빗물이 닿지 않게 해야 하고, 비가 오면 숨는 애벌레를 미리미리 잡아 새끼에게 가져다줘야 한다. 곤충은 비에 맞지 않도록 나무줄기나 나뭇잎 뒷면에 숨었다.

시간이 지나자 나뭇잎에 떨어지던 빗물이 나무줄기를 타고 흘러내린다. 그대로 땅속에 들어가 뿌리에게 갈 것이다. 숲 속 토양은 틈(공극)이 많아서 이때 들어간 물이 저장되고, 천천히 계곡으로 흘러나온다. 땅속을 통과하고 나온 계곡물은 미생물 덕분에 정수가 되고, 생명에 이로운 미네랄 성분이 많이 함유된 물이 된다. 비가 오면 감사히 맞자. 비는 머리카락이 빠지는 데 전혀 영향력이 없단다.

우리 몸은 물이다

우리 몸의 67%가 물이다. 이는 12%, 뼈는 22%, 뇌는 73%, 피는 80~92%가 물이다. 인간은 고깃덩어리가 아니라 물 덩어리인 셈이다.

지구상의 물

지구에서 생명이 시작된 곳은 바다다. 생명은 40억 년 동안 깊은 바다에 있다가 4억 5000만 년 전에야 육지로 올라왔다. 우리가 물을 먹어야 하는 이유도 물에서 출발했기 때문이다.

플라톤, 아리스토텔레스 등 초기 과학자들은 물이 지하 세계에서 온다고 생각했다. 물이 산소와 수소로 구성된다는 사실은 1700년대에 알았다.

지구에 있는 물의 97% 이상이 바닷물이다. 담수는 대부분 빙하수다. 그래서 빙하가 줄어드는 건 심각한 문제다. 지구 인구 1/3과 상당수 동식물은 빙하수로 목숨을 이어간다.

빗물은 가장 깨끗한 증류수

빗물은 어찌 보면 가장 깨끗한 물이다. 수증기로 올라가 구름이 되고, 그 구름에서 땅으로 떨어지니 증류수다. 물론 내려오면서 각종 먼지 같은 미세 물질이 묻어 떨어지기도 하지만, 그자체가 산성비라고 할 수는 없다. 대기오염이 심각한 지역은 몰라도 웬만한 하늘에서 떨어지는 빗물은 pH 5.6 정도로 약산성이다. 우리가 사용하는 샴푸가 pH 4 정도니까 빗물이 훨씬 산성이 약하다. 언제부터인가 모든 비를 산성비로 알고 무조건 피해야 한다고 하는데 그렇지 않다. 빗물은 건강한 물이다. 빗물이 우리 육지의 물을 대부분 만들어낸다.

흙 속에 물이 얼마나 있을까?

기회가 되면 간단한 실험을 해보자. 등산로에서 사람이 많이 밟은 땅과 밟지 않은 땅에 같은 양의 물을 동시에 붓는다. 어느 쪽 물이 빨리 흐를까? 사람이 많이 밟은 땅에 부은 물은 별로 스미지 않고 빨리 흐른다. 사람이 밟지 않은 숲 속 땅에 부은 물은? 거의 흐르지 않고 땅속으로 스며든다.

건강한 숲 속 토양은 틈이 많이 발달한 흙이다. 그 틈으로 물이 다 들어간다. 건강한 숲 속 토양 $1m^3$는 물 200ℓ를 머금고 있다고 한다. 숲은 좋은 댐 역할을 한다. 숲 속 토양이 물을 머금었다가 천천히 계곡으로 흘려보낸다. 그래서 숲이 우거지면 웬만큼 가물어도 계곡물이 마르지 않는다.

뿌리

등산로는 사람들이 많이 걷다 보니 흙이 유실되어 나무뿌리가 고스란히 드러난다. 등산 스틱을 사용하는 것은 토양 유실을 가속화한다. 건강을 위해 산에 오르는 것을 뭐라 할 순 없지만, 그런 사실도 알면 좋겠다. 우리나라 산은 웬만하면 스틱 없이 가벼운 복장으로 다닐 수 있다.

사람이 많이 다닐수록 흙은 깎이고 다져진다. 그러면 빗물이 흙에 스며들기 어렵고, 흙 속에 사는 곤충도 올라오기 어렵다. 흙 속에 틈이 없어져 식물이 자라기 어렵고, 비옥한 토양이 유실되기도 한다. 등산로에 나무로 계단이나 통로를 설치하는 것은 안전 때문이기도 하지만, 토양 유실을 막으려는 의도가 있다.

흙이 깎여나가면 바로 나무뿌리가 드러난다. 흙을 움켜쥔 손 같기도 하고, 혈관 같기도 하다. 뿌리가 쓰러지지 않으려고 흙을 움켜쥐고, 흙 속의 물과 양분을 빨아들여서 그런지 모르겠다.

뿌리는 나무를 지탱하고, 물과 양분을 흡수해 저장하고, 필요한 곳으로 보내기도 한다. 뿌리가 하는 일이 참 많다. 어쩌면 나무에게 가장 중요한 부분인지 모른다. 보통 나무를 사람과 비교할 때 거꾸로 선 것과 비슷하다고 한다. 꽃은 생식기에, 뿌리는 머리에 비유한다. 뿌리가 가장 중요하고, 나무의 삶이 뿌리에서 시작되기 때문일 것이다.

나무마다 줄기가 조금씩 다르듯이 뿌리도 조금씩 다르다. 뿌리를 깊게 뻗는 나무도 있고, 얕게 뻗는 나무도 있다. 아까시나무는 뿌리를 얕게 뻗는 대표적인 나무다. 아까시나무는 햇볕을 좋아하는 양지나무인데, 양지

등산로에 있는 소나무는 사람들이 하도 밟아서 뿌리가 드러났다.
그 뿌리를 사람들이 또 밟고 다닌다.

나무는 높이 뻗어서 햇볕을 받아야 하기 때문에 윗부분이 발달하고 뿌리는 얕다 보니 나무가 클수록 쓰러질 위험이 많다. 비가 오고 바람이 부는 날이면 잘 쓰러진다. 바람이 세게 부는 날에는 숲에 가지 않는 게 좋다.

땅속에는 나뭇가지만큼 뿌리가 있다고 한다. 생김새는 똑같지 않을 것이다. 줄기는 위로 올라 햇볕을 받아야 하니 키를 높여 자라고, 뿌리는 토양층 가까운 곳에 양분이 많으니 표면부터 뻗어나갈 것이다. 줄기는 중력을 거슬러 뻗어가니 아무래도 가지가 두툼해질 테고, 뿌리는 땅 아래로 중력에 이끌려 내려가니 상대적으로 굵지 않아도 될 것이다.

하지만 총 중량은 비슷할 것이다. 물을 빨아들인 만큼 증산작용으로 내보내기 때문에 그 비율을 같게 유지하려면 표면적이나 건조중량乾燥重量이 비슷해야 한다. 이런 비율의 차이가 심하면 나무가 말라 죽을 수 있다. 뿌리도 조직은 줄기와 같다. 겉으로 드러나면 줄기처럼 된다.

뿌리는 땅속에 있어 그 존재감이나 역할이 잘 드러나지 않지만, 자기 역할을 열심히 한다. 뿌리 같은 사람이 많아지면 좋겠다.

뿌리와 공생하는 균류
식물은 대부분 균류와 공생한다. 뿌리가 혼자 물이나 양분을 흡수하지 못하기 때문이다. 균류의 도움으로 흡수가 가능해진다. 균류는 그 대가로 양분을 공급받는다. 우리가 아는 송이버섯이나 뿌리혹박테리아도 이런 균류다.

씨앗에서 가장 먼저 돋아나는 것은?

뿌리다. 물을 빨아들이기 위해서 뿌리가 먼저 돋아난다. '될성부른 나무는 떡잎부터 알아본다'는 말 때문인지 잎이 먼저 나온다고 생각하는 사람이 많다. 사실은 뿌리부터 나온다. 그만큼 뿌리가 중요하다. 될성부른 나무는 뿌리부터 봐야 한다.

새싹은 대부분
뿌리가 먼저 나온다.
뿌리가 나와서 물과 양분을
흡수해야 하기 때문이다.

도토리도 뿌리가 먼저 나온다.

칠엽수 싹

지난해 12월 15일 홍릉수목원에 갔다가
칠엽수 열매를 몇 개 주웠다.
지퍼백에 넣고 베란다에 두니
어느새 싹이 돋았다. 땅에서 주운 것이라
축축하고 겉껍질이 있어서 싹이 나기에
좋은 조건이 되었나 보다.

01.27

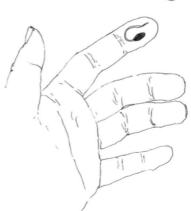

시골에서 가져온 밤을 먹지 않고
두니 이렇게 싹이 났다.
역시 뿌리부터 나온다.

수박을 먹고 씨앗을 싱크대에 버렸는데
어느 날 음식물 쓰레기를 버리려고
수챗구멍 뚜껑을 열어보니
씨앗에서 뿌리가 나왔다.

07.25

리기다소나무

땅에 떨어진 솔방울을 주웠다. 가시에 손가락이 찔렸다. 리기다소나무 솔방울이다. 리기다소나무는 우리나라 어느 산에서나 볼 수 있다. 아까시나무, 오리나무, 은사시나무, 잎갈나무와 더불어 과거 산림녹화를 위해 심은 나무다. 지금은 경제적 가치가 없다거나 알레르기를 일으킨다고 베어낸다. 천덕꾸러기가 된 셈이다. 은혜를 원수로 갚는다는 말이 무색할 정도다. 산길을 걷다 만나는 아까시나무나 리기다소나무에게 늘 감사해야 한다. 그 나무들이 있어 지금의 숲이 있기 때문이다.

아까시나무와 리기다소나무는 척박한 땅에서도 잘 산다. 다른 나무들이 척박한 곳에 살기 어려워할 때 황무지를 개간하는 개척자처럼 그들이 먼저 와서 뿌리를 내린다. 이후 다른 나무들이 들어온다. 숲의 천이 과정과 함께 당연한 듯 말하지만, 앞서 온 친구들이 없었다면 뒤에 오는 친구들이 살기 쉽지 않았을 것이다. 그런 역할을 하는 선구자 나무에게 대접이 소홀하다. 이제 필요하지 않아 잘라야 한다고 해도 감사는 간직하자. 그 나무들을 미워하지 말자. 도입종이라고, 알레르기를 일으킨다고 미워하지 말자.

리기다소나무는 일반 소나무와 달리 잎이 세 개라는 것, 줄기에서 잎이 돋아나는 것이 특징이다. 줄기에서 잎이 나는 현상은 다른 나무도 있는데, 몸이 좋지 않을 때 나타난다. 가로수도 원줄기에서 잎이 바로 돋아나는 경우가 많다. 리기다소나무가 대부분 줄기에서 잎이 나는 것은 그만큼 예민하다고도 볼 수 있다. 건강하지 않을 때 바로 표현하는 것이다.

조금만 아파도 바로 병원에 가는 사람처럼 말이다. 식물이건 사람이건 내 눈에 보기 좋지 않다고, 다른 나라에서 왔다고 차별하지 않았으면 좋겠다.

리기다소나무 솔방울
남산에 산책 갔다가 주웠다.
가만 보면 숲 바닥에 떨어진 열매가 많다.
만유인력의 법칙 때문일까? 아니다.
떨어질 때가 되어서 그렇다.
익어서 떨어지거나 병들어 떨어지거나
약해서 떨어지거나 그럴 만하니까 떨어진다.
세상의 모든 것이 그렇다.

09.30

나무 원줄기에서
잎이 난다.

소나뭇과 나무 잎으로 구별하기
잎의 길이나 색깔 등이 조금씩 다르지만, 대략 다음과 같이 구별한다.

두 개

소나무, 반송, 곰솔

세 개

리기다소나무, 백송

다섯 개

잣나무, 스트로브잣나무

아까시나무

누가 밑동을 한 바퀴 돌아가며 톱질해서 나무가 죽었다. 아까시나무다. 아까시나무를 싫어하는 사람이 여전히 많다. 잘못된 정보에서 비롯된 오해 때문이다. 사람들이 잘못 아는 것을 종합하면 네 가지다. 일본 사람이 광복 후 달아나며 우리나라를 골탕 먹이려고 아까시나무 씨를 뿌렸다는 것, 목재로 쓸모없고 열매도 먹을 수 없고 경제적 가치가 없다는 것, 생명력이 강해서 다른 나무를 괴롭힌다는 것, 무덤을 파헤치는 나쁜 나무라는 것.

일본인이 아까시나무를 들여온 건 맞다. 일제강점기에 철도 부설과 관련해서 사방 사업, 침목 제작 등을 위해 북미나 중국에서 수입했다. 전국에 아까시나무 종자를 뿌린 것은 1960년대 박정희 정부 때다. 왜 뿌렸느냐? 산림녹화를 위해서다. 산이 헐벗으니 산사태가 나서 나무를 심어야 했고, 목재를 땔감으로 사용할 때니 척박한 곳에서 잘 자라고 생명력이 강한 연료림이 필요했다. 잎은 동물 사료로 사용하기도 했다. 무엇보다 아까시나무는 콩과다. 콩과 식물은 뿌리혹박테리아가 땅속에 질소를 고정하기 때문에 다른 식물이 자라기 좋은 환경으로 만든다.

밀원식물로도 큰 가치가 있다. 우리나라에 있는 식물 4000여 종 가운데 밀원식물이 250여 종이고, 아까시나무가 꿀 생산량의 70퍼센트를 차지할 정도로 단연 최고다. 20년생 아까시나무 한 그루에서 꿀 2킬로그램이 나온다. 꿀 종류와 산지에 따라 차이가 나지만, 1킬로그램에 2만~4만 원이다. 아까시나무 한 그루에서 5만 원 안팎의 수익을 얻는 셈이다. 물론 나무 크기에 따라 다를 수 있다. 살아 있는 동안 관리하지 않아도 이렇게 수익을 창출하는 나무가 과연 몇 종이나 될까?

요즘은 아까시나무를 싫어하니 다른 나무로 대체한다. 아까시나무와 비슷한 양으로 꿀을 생산하고, 꽃이 달린 기간이 길며(아까시나무 1~2주, 백합나무 3~4주), 오해도 받지 않는 백합나무다. 20년생 백합나무 한 그루에서 꿀 1.8킬로그램이 나온다.

아까시나무는 고마운 나무다. 리기다소나무와 마찬가지로 헐벗은 우리 숲을 지키고 되살렸다. 아까시나무를 만지고 안아보면 의외로 푹신하고 따듯한 느낌이 든다. 껍질에 코르크층(주피周皮)이 발달했기 때문이다. 경제적 이익과 상관없이 나무에게 다가가고, 나무를 아껴주면 좋겠다. 나무를 오해하는 사람은 사람도 오해할 것이다. 그런 실수를 하지 말아야 한다.

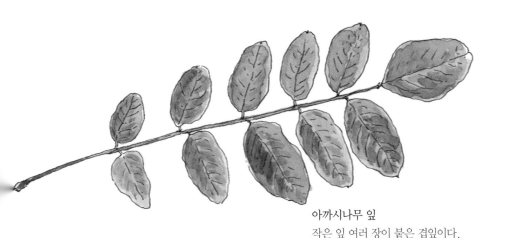

아까시나무 잎
작은 잎 여러 장이 붙은 겹잎이다.

꽃잎이
말랐다.

꽃과 수술이
떨어지고
꼬투리 열매가
자란다.

꽃잎이 사라져도
하얀 수술 다발은
오래 남았다.

아까시나무 꽃
5월이면 향긋한 향을 내며
온 산을 하얗게 물들인다.
작은 꽃이 여러 송이 뭉쳐
멀리서 보면 큰 꽃 같다.
05.28

꽤 많이
자랐다.
제법 꼬투리
모양을 갖췄다.

꽃이 지니 곧바로
열매가 달린다.
이제 열매의 계절이
돌아왔다.
06.02

암술

수술

벌이 꽃 안으로 들어가려고 하면
양쪽 꽃잎이 열리면서
암술과 수술이 드러난다.
콩과 식물 꽃이 대개
이런 전략을 취한다.

304

꽃이 필 때 여러 송이가 피더니
열매도 여러 개가 달린다.
당연한 일인데도 신기하다.

08.03

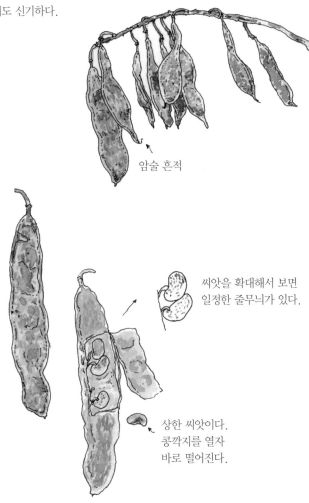

암술 흔적

씨앗을 확대해서 보면
일정한 줄무늬가 있다.

상한 씨앗이다.
콩깍지를 열자
바로 떨어진다.

아까시나무도 콩과라서 콩꼬투리 같은 열매가 달린다.
안을 열어보니 강낭콩처럼 생긴 씨앗이 들었다.
엄마 배 속에 웅크린 아기 모양이다.
저 씨앗들이 곧 까매져서 당당하게 이동할 것이다.

다 콩이야

아까시나무, 회화나무, 자귀나무, 박태기나무, 싸리, 등나무, 칡, 주엽나무, 족제비싸리 등 콩과에 속하는 나무가 꽤 많다. 콩과는 꽃이 비슷하고, 열매가 꼬투리로 열려서 금방 알아볼 수 있다. 토끼풀이나 회화나무같이 조금 다르게 생긴 열매도 있지만, 대부분 콩꼬투리처럼 길쭉하고 안에 콩 같은 씨앗이 여러 개 들었다. 특히 콩과 식물은 뿌리혹박테리아가 질소고정으로 토양을 비옥하게 한다. 주변에서 그런 나무를 보면 감사해야 한다.

회화나무
콩과 가운데 열매 모양이 특이하다.
꽃이 시들고 열매가 자랐다.
10.15

싸리
10.05

아주 작은
겨울눈이
붙었다.

암술
흔적

펼쳐보니 안에
씨앗이 한 개 들었다.

칡 열매는 털이
수북하다.

아까시나무 꼬투리가
반으로 쪼개져서 날아다닌다.

등나무 열매
꼬투리 안에 원반형 씨앗이 들었다.

자귀나무 꽃

꽃잎이 특이하다. 자세히 보면
하나를 제외하고 모두 겉치장에
불과하다. 그 하나를 위해
여럿이 애쓴다.
07.05

자귀나무 열매

콩과지만 아까시나무와 더불어
바람을 이용하는 열매다.
11.29

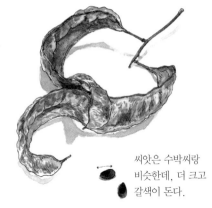

씨앗은 수박씨랑
비슷한데, 더 크고
갈색이 돈다.

**주엽나무
어린 열매**

조그만 알이
생기려고 자리를
잡았다.
07.03

꽃이 진 자리

주엽나무 열매

줄기에 난 가시 때문에 함부로 다가가기 어려운
주엽나무 열매가 떨어져서 주웠다.
걸어오면서 계속 흔들었다. 마라카스처럼
'자르르르' 소리가 난다. 그대로 악기다.
조각자나무도 비슷한데 열매가 뒤틀리지
않는다고 한다.
02.11

아카시아가 아니라고?

'동구 밖 과수원 길 아카시아 꽃이 활짝 폈네~'로 시작하는 동요 〈과수원 길〉을 대부분 알 것이다. 그러나 아카시아는 아까시라고 해야 맞다. 아카시아는 따로 있는 이름이다. 아프리카나 오스트레일리아 등에 사는 다른 나무다. 우리가 아는 아까시나무는 학명이 *robinia pseudoacasia*다. 여기서 pseudo는 '수도'라 읽는데 '유사한'이라는 뜻이다. 영어 이름은 falseacasia, 일본에서 '니세아카시아ニセアカシア(가짜아카시아)'라고 부르다가 우리에게 아카시아로 전해졌다.

아까시나무에 가시는 왜 있을까?

하얗게 핀 아까시나무 꽃을 따려다가 윙윙거리는 벌에 놀라기도 하고, 가시에 찔리기도 한다. 아까시나무에 가시는 왜 있을까?

선인장처럼 수분이 날아가는 것을 막기 위해 잎이 가시로 변하기도 하고, 밤나무처럼 밤송이에 가시가 있는 것은 덜 익은 열매를 못 먹게 하지만, 찔레나무와 산초나무, 초피나무, 엄나무, 탱자나무처럼 줄기에 난 가시는 대부분 초식동물에게서 잎을 지키기 위해 만든 것이다. 가시가 오래된 줄기보다 새로 난 줄기, 키 작은 줄기에 발달한 것도 이 때문이다. 초식동물의 키가

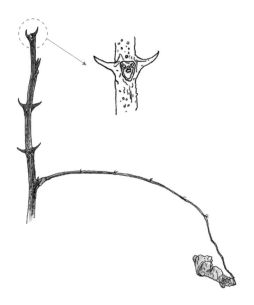

닿지 않을 만큼 자라면 가시는 잘 나지 않는다.

화살나무는 줄기에 있는 코르크층이 가시 역할을 대신한다. 아까시나무와 같은 콩과인 주엽나무는 특이하게도 새 가지가 아니라 굵은 원줄기에 무시무시한 가시가 난다. 땅에서 2~3m 높이까지 가시가 나고, 그 위로는 나지 않는다. 키가 큰 초식동물이 잎을 먹는 것을 막기 위해 가시를 만들었다고 생각할 수 있다. 그런데 키가 그렇게 큰 초식동물은 없다.

씨앗도 아주 큰데, 스스로 벌어지지 않고 바람에 날아가지도 않는다. 동물이 먹어서 번식을 도와줄 것 같은데, 그럴 만한 초식동물도 없다. 옛날에 기린처럼 키가 큰 동물을 막느라 그랬지 싶다. 지금은 기린처럼 키가 큰 동물이 사라지고 주엽나무만 남았을 것이다. 자연 상태에서 주엽나무 씨앗은 어떻게 멀리 이동할까? 꼬투리가 뒤틀려 누가 밟으면 깨지면서 씨앗이 밖으로 나온다. 몸이 무거운 동물이 밟아주거나 아주 강한 바람이 불기를 기다려야 할 듯하다.

뿌리혹박테리아

지구에 있는 식물 약 90%는 균류와 공생한다. 균이 뿌리털에 살면서 물과 양분을 흡수할 수 있게 해준다. 콩과 식물은 뿌리혹박테리아와 공생한다. 콩과 식물의 뿌리에서 호르몬이 나와 흙 속에 있는 뿌리혹박테리아를 불러 모은다.

질소는 식물에게 꼭 필요한 성분인데, 땅속에 없고 공기 중에 있다. 질소가 어떻게 땅속으로 들어와서 식물이 흡수할 수 있을까? 크게 두 가지 방식이 있다. 첫째, 번개에 의한 질소고정이다. 비 오는 날 번개가 치면 공기 중의 질소가 물에 녹을 수 있는 형태로 변한다. 이를 '공중방전 고정'이라고 한다. 그 양이 꽤 많아 지구 전체로는 연간 10억 t, ha당 4kg이나 된다. 둘째, 뿌리혹박테리아에 의한 질소고정이다. 지구상에서 공기 중의 질소가 고정되는 양 가운데 90%는 뿌리혹박테리아 같은 질소고정 박테리아가 만든 것이다. 뿌리혹박테리아는 공생하는 식물체에게 질소를 공급하고 나머지는 흙 속에 저장한다. 질소가 흙 속에 저장됐기 때문에 나중에 다른 식물이 와서 자라기 좋다. 균과 번개가 나무를 키운다고 할 수 있다.

그루터기

여기저기 그루터기가 보인다. 사람들은 그루터기를 보면 달려가 나이테를 세려고 한다. 하지만 나이테는 잘 보이지 않는다. 나이테를 보려면 톱으로 한 번 더 잘라야 하는데, 나이테 세자고 그 힘든 톱질을 할 수는 없으니 의자 삼아 잠깐 쉬자. 그동안 이 자리를 지키고 서서 얼마나 많은 꽃과 잎과 열매와 산소를 만들었을까 잠깐 생각해보자.

그루터기 하면 동화 《아낌없이 주는 나무》가 생각난다. 언뜻 보면 따뜻한 이야기 같지만, 나무에게서 생명을 빼고 인간의 관점으로 본 것이다. 나무를 볼 때 생명도 볼 수 있어야 한다.

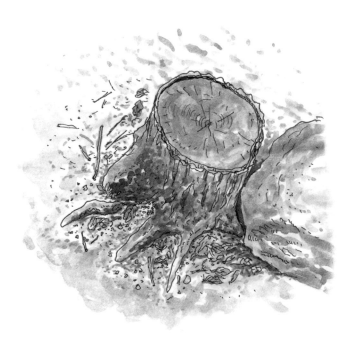

나이테

숲을 걷다 보면 문득 '길을 잃으면 어쩌지?' 하는 생각이 든다. 그런 때 누구나 떠올리는 게 나이테다. "산에서 길을 잃으면 어떻게 방향을 찾아 갈 수 있을까요?" 하고 물으면, 열에 아홉은 "나이테를 보고 찾아갑니다" 라고 한다. "나이테로 어떻게 방향을 알 수 있지요?" 하고 다시 물으면 "나이테 간격이 넓은 쪽이 남쪽이고, 좁은 쪽이 북쪽입니다"라고 한다.

사실일까? 아니다. 방향은 나이테로 전혀 알 수 없다. 우선 나이테가 무 엇인지 알아야 한다. 나무를 잘라보자. 가운데 부분이 어둡고 바깥쪽이 밝다. 가운데 어두운 부분은 죽은 지 오래된 물관으로, 속재목(심재心材)이 라고 한다. 바깥쪽 밝은 부분은 이제 막 죽은 물관으로, 겉재목(변재邊材) 이라고 한다. 이는 나이테와 무관하다. 반복적으로 나타나는 동심원 무 늬 띠가 나이테다.

나무는 늘 자란다. 하지만 자라는 정도에 차이가 있다. 기후에 따라 어 느 해는 많이 자라고 어느 해는 적게 자라며, 1년 중에는 봄에 부쩍 자라 고 여름부터 거의 자라지 않는다. 가을과 겨울에는 자라기를 멈춘다. 그 러다 보니 물관의 개수는 같은데 늘어난 정도가 다르다. 많이 늘어난 부 분은 밝은색을 띠고, 조금 늘어난 부분은 어두운색을 띤다. 즉 봄여름에 는 밝은색을 띠고, 가을과 겨울에는 어두운색을 띤다. 그래서 띠무늬가 생기는 것이다.

나무의 나이는 봄여름에 자란 부분, 가을과 겨울에 잘 자라지 않은 부 분을 합해서 한 살이다. 그렇게 세나 어두운 부분만 세나 나이는 같으니 쉽게 어두운 부분을 센다. 나이테 폭은 일정하지 않다. 어느 때는 넓고 어느 때는 좁으며, 완전한 동심원이 되지도 않는다. 나무는 햇빛의 영향을 많이 받기 때문에 햇빛이 잘 비치는 남쪽이 많이 성장한다. 나이테 남쪽이 폭이 넓고, 그것으로 방향을 알 수 있다는 얘기도 이 때문이다.

그러나 숲 속에서는 나무가 한 그루만 자라지 않는다. 주변에 있는 다른 나무나 바위 등의 영향을 받는다. 가지를 뻗다가 뭔가 있다는 것을 감지하면 더는 그쪽으로 가지를 뻗지 않아 나이테 간격이 좁아진다. 바람이 세게 부는 쪽도 잘 자라지 않아 반대쪽 나이테 간격이 넓다. 나무가 쓰러져 자랐을 때도 나이테 간격은 일정하지 않다. 이처럼 숲 속에서는 방향과 상관없이 나이테 간격이 일정하지 않다. 그래서 나이테로 방향을 알 수 없다.

숲에서 길을 잃었을 때 방향을 알 수 있는 자연현상이 있을까? 결론은 없다. 이끼로 알 수 있다고 말하는 사람이 있는데, 개울이 있거나 습한 곳은 북쪽이 아니라도 이끼가 발달하니 방향을 알기 어렵다. 산에 갈 때는 나침반을 준비하는 게 상책이다. 우리나라의 웬만한 산은 아래로 내려가면 길이 나온다. 방향을 잃기보다 길이 아닌 곳으로 가다가 길을 잃는 경우가 많다.

나무의 나이를 알려면 나이테를 세는 방법밖에 없을까? 결론은 '그렇다'. 다른 방법으로 나이를 추정할 수 있지만 정확하지 않다. 바늘잎나무는 고정 생장을 하는 경우가 많아, 가지가 난 층을 세면 비슷하게 나이를 유추할 수 있다. 자율 생장을 하는 나무는 알기 어렵다. 나무의 나이를 어느 정도 유추하는 몇 가지 방법을 소개한다.

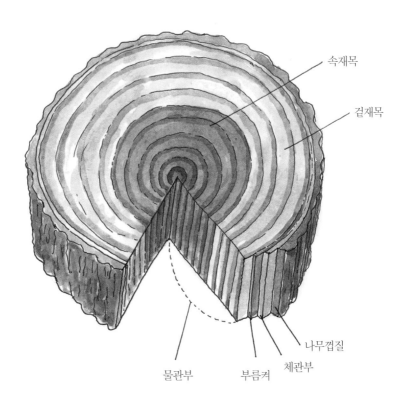

속재목

겉재목

나무껍질

체관부

물관부　　부름켜

춘재(봄부터 여름까지 자란 부분)

추재(여름부터 겨울까지 자란 부분)

나이테는 물관의 집합체다.
밝은색 부분을 춘재, 어두운색 부분을
추재 혹은 하재라 한다.
두 부분을 합해서 한 살이다.

첫째, 생장추라는 도구를 사용한다. 생장추로 나무를 뚫은 다음 속을 빼내 나이테를 세는 방법이다. 하지만 일반인이 구하기 어렵고, 정확히 중간을 뚫지 않으면 오차가 생길 수 있다.

둘째, 올해 자란 가지를 찾아서 그 길이를 잰다. 올해 가지가 10센티미터 자란 경우, 나무의 키를 10센티미터로 나누면 나이를 어느 정도 유추할 수 있다.

셋째, 나무의 지름을 보고 유추한다. 나이테를 조사한 결과 나무의 종류와 자라는 환경마다 일정하지 않으나, 평균을 내보면 1년에 약 0.5센티미터 간격으로 넓어진다. 양쪽을 합하면 1센티미터다. 해마다 지름이 약 1센티미터 굵어진다는 것을 알 수 있다. 즉 나무 지름이 나이다. 지름이 30센티미터면 서른 살쯤 된 것이다. 물론 정확하지는 않다.

나무가 많으면 잠깐 멈춰 상상해보자. 나무들 나이를 유추하고 5년 전, 10년 전, 20년 전의 모습이 어땠을지 생각해본다. 반대로 10년 뒤, 30년 뒤의 모습은 어떨지 상상하는 것도 숲을 보는 또 다른 재미다. 지금 내 눈앞에 있는 현재는 과거와 미래가 함께 있다.

나무의 내부 조직

부름켜cambium(형성층成層) : 물관부와 체관부 사이에 살아 있는 분열조직으로, 부피 생장을 하는 곳이다. 부름켜에서 물관과 체관을 만든다. 고사리 같은 양치식물은 석탄기에 번성했을 당시 부름켜가 발달해서 숲을 이루었으나, 지금은 부름켜가 퇴화했다.

물관부xylem(목부木部) : 관다발의 구성 요소 중 하나로 도관부라고도 한다. 겉씨식물은 헛물관 (가도관假導管)이라고 한다. 주로 뿌리에서 흡수한 물이 지나가는 통로다.

체관부phloem(사부篩部) : 양분이 지나가는 통로다. 사부에 '사'가 체 사篩다. 양분이 가는 길이 니 양분관이라 하지 않고 왜 체관이라고 했을까? 작은 구멍이 뚫린 모양이 체 같아서 그럴까? 그건 물관도 마찬가지인데…. 사부의 사가 체라는 걸 아는 사람이 과연 몇이나 될까?

연륜연대학年輪年代學, dendrochronology

나무의 나이테를 통해 과거의 기후변화를 연구하는 학문이다. 1901년 미국의 천문학자 앤드 루 더글러스Andrew Ellicott Douglass가 나이테의 간격이 해마다 조금씩 달라지는 것에 착안, 과거 기후의 주기성을 연구한 데서 발전했다. 과거에 잘린 나무나 건축물에 사용된 목재에 중 복되는 나이테 간격을 연구해서 도표로 그린다. 그 변화 곡선을 연구하면 과거의 기후를 어느 정도 짐작할 수 있고, 목재를 언제 벌채했는지도 알 수 있다.

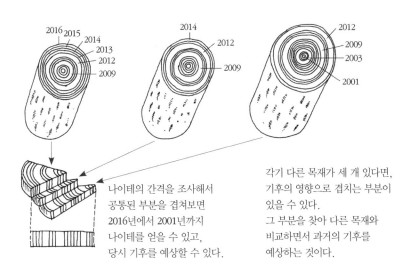

나이테의 간격을 조사해서
공통된 부분을 겹쳐보면
2016년에서 2001년까지
나이테를 얻을 수 있고,
당시 기후를 예상할 수 있다.

각기 다른 목재가 세 개 있다면,
기후의 영향으로 겹치는 부분이
있을 수 있다.
그 부분을 찾아 다른 목재와
비교하면서 과거의 기후를
예상하는 것이다.

속재목과 겉재목

나무를 잘라보면 밝은 부분이 있고 어두운 부분이 있다. 밝은 부분을 겉재목, 어두운 부분을 속재목이라고 한다. 속재목은 세포에 테르펜류, 페놀류, 폴리페놀 등 항균성 물질이 쌓여 짙은 색을 띤다. 속재목과 겉재목의 경계가 뚜렷한 나무도 있고, 그렇지 않은 나무도 있다. 겉재목이 속재목으로 되는 것을 이행화라고 하는데, 대다수 나무는 느리게 이행화 된다. 느티나무는 1~2년으로 빨리 이행화 되고, 벚나무와 버드나무, 미루나무 등은 오래 걸린다. 이들은 리그닌이나 탄닌의 양도 적어서 속재목이 되어도 겉재목과 뚜렷이 구분되지 않는다.

겉재목은 아직 살아 있는 유세포柔細胞가 존재하고, 그 부분으로 물과 양분이 이동한다. 속재목은 물관의 기능을 하지 못한다. 겉재목이 오랫동안 살아 있는 나무도 물이 통과하는 기능은 대부분 1년분 나이테에서 가능하다.

생장추生長錐, increment borer

살아 있는 나무에 손상을 적게 주며 나무속의 시료를 채취할 때 사용하는 도구다. 지름 1cm 정도 되는 쇠로 만든 통에 나사 같은 날이 달려서 나무를 뚫는다. 구멍을 내서 시료를 채취하고 충전재로 메운다. 채취한 시료는 마르면서 구부러지기 쉬워, 반듯한 통에 보관해야 한다. 하지만 생장추로도 나무의 정확한 나이를 알기 어렵다. 정확히 중심을 찾아서 뚫기 어렵고, 오래된 나무는 속이 빈 경우가 많기 때문이다.

나무에 구멍을 내서
나이테를 측정한다.

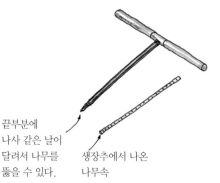

끝부분에
나사 같은 날이
달려서 나무를
뚫을 수 있다.

생장추에서 나온
나무속

스트라디바리우스

안토니오 스트라디바리Antonio Stradivari와 그 일가가 만든 스트라디바리우스는 역사상 가장 정교하고 풍부하며 다양한 음색을 표현할 수 있는 바이올린이라고 한다. 현재까지 650여 대가 남았고 실제 연주에 사용되는 것은 50대 정도로, 값은 한 대에 20억~30억 원이다. 어떤 것은 172억 원에 팔렸다고 한다. 제조법을 재현하려고 해도 방법을 찾지 못했는데, 나이테 전문가가 그 비밀을 밝혔다.

테네시대학교의 나이테 전문가 헨리 그리시노－마이어Henri Grissino-Mayer 교수와 컬럼비아대학교의 기후학자 로이드 버클Lloyd Burckle 박사가 스트라디바리우스를 분석한 결과, 유럽이 몹시 춥던 1645~1715년 알프스에서 자란 가문비나무로 만든 것이라고 했다. 극한에 부피 생장을 멈춰 나이테가 촘촘해지고, 목재의 밀도가 균일해졌다는 설명이다. 스트라디바리는 이런 목재의 특성을 알고 이 나무로 악기를 만들었다.

내 인생의 나이테

나이테를 한자로 연륜年輪이라고 한다. 해마다 연륜이 쌓이듯이 우리는 나이를 먹는다.

나무를 만나면 그 나무의 나이를 유추하고, 종이에 나이테를 그려본다. 각 칸에 해당 나이테가 만들어진 연도를 적고, 그 연도에 내 삶에 기억나는 일도 적어본다. 그 나무가 나이테를 만드는 동안 내게도 그런 일이 생겼다. 나무와 내가 동시대를 살아가는 생명체임을 알 수 있다.

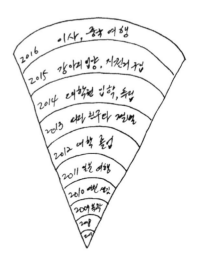

나무껍질

　나무껍질은 나무의 얼굴 같은 존재로, 저마다 다르게 생겼다. 어떤 나무껍질은 매끈하고, 어떤 나무껍질은 울퉁불퉁하다. 같은 나무라도 자라는 환경이나 나이에 따라 껍질 모양이 다르다. 나무껍질도 나이를 먹어 시간이 갈수록 깊고 거칠게 변한다.

　나무껍질은 나무를 보호한다. 수분이나 양분이 증발하는 것을 막고, 추운 날씨나 뜨거운 햇빛에 손상되는 것을 막기도 한다. 외부의 충격, 세균이나 벌레의 침입도 막아 갑옷에 비유한다.

　나무껍질은 벗겨져서 나이를 세기 어렵다. 나무껍질은 맛이 없고, 코르크층이 많아서 먹을 만한 것도 없다. 그러니 동물도 나무껍질을 먹지 않는다. 노루나 사슴이 나무껍질을 벗겨 먹는 모습이 가끔 보이는데, 나무의 겉껍질이 아니라 이제 막 생겨 연한 속껍질을 먹는 것이다.

　나무껍질이 나무마다 다른 까닭을 정확히 알 수는 없다. 나무껍질이 앞서 이야기한 기능을 다 갖출 수도 없다. 어떤 것을 선택하면 다른 것은 포기해야 한다. 사는 지역의 환경에 따라 어떤 것은 택하고 어떤 것은 버리면서 기능을 발전시켰을 테니, 나무껍질이 어떤 것은 두껍고 어떤 것은 얇고, 어떤 것은 거칠고 어떤 것은 매끈하게 변했으리라. 나무껍질도 식물이 에너지를 활용해서 만들기 때문에 무조건 두껍다고 좋지는 않을 것이다. 나무마다 자기에게 적절한 모습으로 만들어낸 결과일 것이다.

소나무
거북 등처럼 갈라진다.
직소 퍼즐 모양
껍질 조각이 떨어진다.

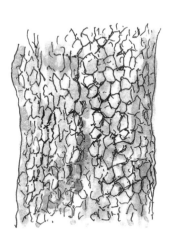

감나무
조각조각 갈라진다.

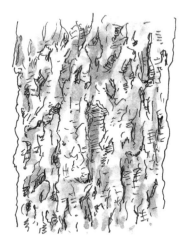

굴참나무
굵은 골이 파인 스펀지 같다.
코르크 마개를 만드는 데 사용한다.

자작나무
추운 지방에 적응한 나무껍질이다.
흰색을 띠고 종이처럼 얇은 게 벗겨진다.
기름 성분이 있어서 잘 썩지 않는다.

은사시나무
마름모꼴 껍질눈 무늬가 있다.

모과나무
군복처럼 얼룩무늬가 있다.

물박달나무
껍질이 너덜너덜하다.

2007년에
만들어진 껍질

2003년에
만들어진 껍질

나무껍질도 1년에 한 겹씩 만들어진다.
안쪽이 2007년에 만들어진 껍질이라면,
바깥쪽은 2003년에 만들어진 껍질이다.
즉 껍질도 한 살씩 나이를 먹는다.
껍질로 나이를 셀 수 없는 것은
바깥쪽 껍질이 벗겨지기 때문이다.

죽은 나무

숲을 걷다 보면 가끔 쓰러진 나무가 있다. 벚나무와 아까시나무다. 둘 다 수명이 그리 길지 않은 나무다. 굵기를 보니 제명을 다하고 죽은 것 같지 않다. 태풍에 쓰러졌거나, 버섯 균 때문에 죽었을 수도 있다. 자연에서 나무가 죽는 원인 가운데 96퍼센트는 버섯과 관련이 있다고 한다.

다가가서 보면 왜 죽었는지 대략 알 수 있다. 줄기가 뚝 부러진 채 쓰러졌다면 버섯 균이 침투해 속이 썩은 경우다. 나무에 상처가 났거나 하늘소 같은 곤충이 알을 낳으려고 나무를 뚫을 때 그 틈으로 버섯 균이 들어갔을 것이다.

하늘소 같은 곤충이나 딱따구리 같은 새도 생나무를 파기는 쉽지 않다. 어느 정도 죽음에 가까운 나무를 뚫는다. 어쩌면 내부에 영양 공급이 원활하지 않아서 죽어가는 상황이었을지 모른다.

죽은 나무는 그대로 끝이 아니다. 죽은 나무는 손으로 눌러보면 푹신푹신하고, 스펀지처럼 수분을 많이 흡수한다. 수분을 머금은 죽은 나무는 이끼와 곤충에게 안락하고 풍요로운 삶의 터전이 된다. 죽은 나무는 여러 곤충이 몸을 숨기고 알을 낳고 갉아 먹으며 사는 아파트다. 곤충이 죽은 나무에 찾아들면 그 곤충을 잡아먹기 위해 다른 동물이 온다. 사마귀 같은 포식성 곤충이 올 수 있고, 장지뱀이나 개구리도 온다. 개구리가 나타나면 그 개구리를 먹기 위해 뱀과 너구리, 족제비가 온다. 이어서 매와 같은 맹금류도 나타난다. 죽은 나무 덕분에 생태계의 고리가 여러 방향으로 만들어지는 것이다.

꽤 오래전에 쓰러진 나무 같다.
껍질이 벗겨져 썩기 시작했다.

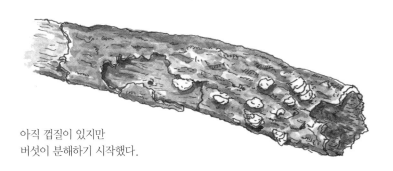

아직 껍질이 있지만
버섯이 분해하기 시작했다.

나무가 빛을 가리고 우람하게 섰다가 어느 순간 죽어 사라지면 그 공간에 빛이 들어오고, 땅속에서 때를 기다리던 수많은 씨앗이 싹을 틔우기 시작한다. 그 식물들도 나름의 생태계 고리를 형성한다. 이렇게 숲이 풍성해진다. 나무는 죽어서 숲을 키운다.

곤충과 버섯에 의해 분해되는 소나무

버섯

우후죽순雨後竹筍이란 말이 있다. 비 온 뒤 죽순이 돋아나는 것을 보고 하는 말인데, 여름과 가을 사이에 비가 온 뒤 숲에 가면 버섯이 많다. 그 야말로 우후균생雨後菌生이다. 버섯은 아무 때나 가도 볼 수 있다. 주로 나무에 나는 버섯이다. 아이들과 자연 놀이를 할 때도 버섯은 어느 때나 찾아온다. 사람들은 버섯을 보면 흔히 "이거 먹을 수 있는 버섯이에요, 독버섯이에요?"라고 묻는다.

버섯은 정확히 아는 것이 아니면 먹지 않는 것이 좋다. 나 역시 버섯을 보면 먹을 생각보다 눈으로 감상한다. 전문가도 버섯을 일일이 알아보기 어렵다니, 굳이 무슨 버섯인지 알려고 하지 않아도 된다.

버섯은 우리 눈에 보이는 부분이 꽃이라고 생각하면 된다. 균사로 있으며 기다리다가 적합한 상황에 꽃을 피우는 것이다. 죽은 나무와 풀을 분해하기도 한다. 나무가 스스로 가지치기하는 낙지 현상이 있는데, 버섯은 낙지가 잘되게 도와준다. 죽은 생명체에서 다른 것이 살아갈 수 있게 도와주기도 한다. 생명의 고리 역할을 하는 셈이다. 이 정도만 알아도 버섯에 대한 이해는 된다.

우리가 지금 숨 쉬는 공기에 버섯의 홀씨가 들었다. 땅속에 사는 미생물의 종류나 수가 어마어마하다는 사실은 모두 알 것이다. 버섯에 해당하는 균류가 미생물의 20~40퍼센트를 차지한다고 한다. 균류는 우리 눈에 보이지 않지만, 땅속에서 나무뿌리와 공생하며 물과 양분을 흡수하는 것을 도와준다. 종류가 많고 저마다 성분도 다양해서 예부터 여러 목

버섯은 종류가 많고 헷갈린다.
이름을 알려고 하기보다 참 예쁘구나,
생태계를 위해 좋은 일을 하는구나
하고 넘어가면 된다.
먹을 것은 시장에서 사자.

적으로 사용했다.

1표고, 2능이, 3송이 혹은 1능이, 2표고, 3송이라고 한다. 버섯 중 최고라는 버섯인데, 자주 먹지는 못한다. 자주 먹는 버섯은 잡채에 넣는 목이, 느타리, 새송이, 양송이 등 대부분 재배하는 버섯이다. 환각 작용을 일으키는 버섯도 있다. 무당이 점치거나 환자를 치료할 목적으로 사용했다고 한다.

소나무와 공생하는 것으로 유명한 송이버섯은 주로 15~20년 된 소나무 숲에서 난다. 소나무 뿌리에 기생하다가 꽃을 피우고자 위로 올라온 게 우리가 먹는 송이버섯이다. 일본과 우리나라 버섯 종류가 비슷하다고 한다. 식물과 공생하다 보니 버섯의 분포는 식물의 분포와 비슷하다.

버섯은 맛있고 몸에 좋아 즐기면서도 독버섯에 대한 두려움 때문에 경계한다. 칼의 양날 같다. 그런 게 어디 버섯뿐일까?

이끼

　그늘지고 습한 곳에는 이끼가 있다. 이끼를 보면 꼭 손으로 만진다. 부드럽고 폭신해서 마치 숲에 깔린 초록 양탄자 같다.

　이끼는 습한 곳을 좋아한다. 숲에 수분이 머물게 붙잡는 역할도 한다. 자기 무게의 다섯 배나 되는 수분을 저장할 수 있다. 이끼가 수분을 조절하는 덕분에 숲에 수많은 생명체가 살아간다.

　이끼는 주로 나무 아래쪽에 붙었다. 왜 그럴까? 비가 오면 빗물이 나무를 타고 내려오고, 물기가 아래쪽에 오래 머물기 때문이다. 이끼는 이 빗물을 흘려보내지 않고 머금었다가 나무뿌리에 천천히 제공한다. 숲이

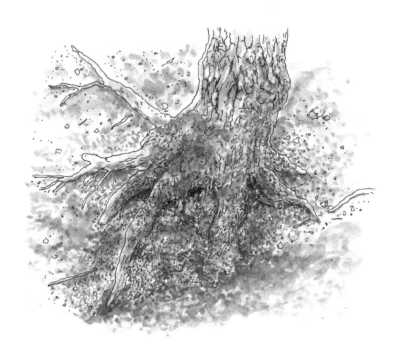

마르지 않게 하는 역할이라고 생각하면 된다. 이끼는 동물에게도 안전한 서식처가 될 수 있다. 피부로 호흡하는 도롱뇽은 피부가 마르면 죽기 때문에 습기를 머금은 이끼는 도롱뇽이 서식하기 좋은 환경을 제공한다. 황무지에 다른 식물보다 먼저 나타나서 숲을 건강하게 가꾸고, 산불이 났을 때 불이 덜 번지게 한다. 죽어서도 유기질 비료 역할을 하기 때문에 어느 하나 버릴 게 없다.

다른 관점에서 이끼가 점점 더 넓고 두툼하게 발달하는 것은 나무가 자라지 않았다는 뜻이다. 나무가 자라면 오래된 나무껍질은 떨어지고 새로운 나무껍질이 생기는데, 이끼나 지의류가 오래 붙었으면 나무가 많이 자라지 않았다는 뜻이다. 즉 나이가 들어 기력이 쇠퇴하거나 아픈 나무에 이끼나 지의류가 많이 생긴다.

이끼는 지구에 약 2만 종이 있다고 한다. 이끼가 물을 좋아하는 것은 물에서 육지로 진화한 식물의 중간 단계이기 때문이다. 고사리와도 비슷하지만 물을 이동시키는 조직이 발달하지 않아 양치식물이 아니고 선태식물이다. 관다발이 없어서 낮게 자란다.

이끼를 만나면 꼭 만져보자. 맨발로 걸어보면 더 좋다. 그림을 그릴 때도 나무만 그리면 숲이 왠지 허전하다. 고사리도 그리고 이끼도 그려야 꽉 차는 느낌이다. 실제로 이끼는 숲을 완성한다.

간격

    풀과 나무는 땅에 뿌리를 내리면 평생 그 자리에 머문다. 주변에 있는 풀과 나무의 영향을 받을 수밖에 없어 땅 소유권 분쟁이 생긴다.

    숲 속에서 자라는 나무는 들판에서 자라는 나무보다 수명이 짧다. 왜 그럴까? 숲 속은 나무가 들어차서 햇빛을 보기 위해 위로 올라가야 한다. 간격이 좁기 때문에 부피 생장과 잎이 달린 수관 크기를 늘리기보다 키만 키운다. 그러다 보니 약할 수밖에 없다. 나무는 햇빛을 많이 먹어야 튼튼해지는데, 하늘을 보는 잎은 주변 나무에 가려져 수관이 좁게 형성

나무 옆에 바위가 있다.
나무는 바위에 닿지 않고
자라느라 이런 모양이 됐다.

된다. 당연히 커다란 체격을 먹여 살릴 양분을 제대로 만들지 못한다. 버섯이나 이끼 같은 부착생물이나 균류도 숲 속에 더 많다. 나무의 기운이 빨리 약해질 수 있다.

나무는 적당한 간격이 필요하다. 나무는 다른 나무뿐만 아니라 주변의 바위나 인공물과도 간격을 떼려고 노력한다. 옆에 무엇이 있는지 인지하고 피해서 자란다. 숲에 드러누워 올려다보면 수관이 서로 겹치지 않고 마치 강물처럼 길이 나며 자라는 것이 눈에 띈다. "내 땅은 여기까지야" 하고 서로 배려하는 듯 보여서 기분이 좋다.

부부 나무 이야기

나무 두 그루가 붙어서 자라면 가지를 한쪽으로 뻗는다. 옆에 있는 나무 쪽으로 덜 뻗고 반대쪽으로 많이 뻗는다. 그렇게 수십 년 동안 자라면 두 그루가 한 그루처럼 보인다. 이런 나무를 부부 나무라고 부른다. 부부같이 정다워 보이고, 한 그루를 베면 나머지 나무가 따라 죽는다는 낭만적인 이야기도 있다.

실제로 한 그루를 자르면 다른 나무가 따라 죽을까? 꼭 그렇지는 않다. 햇빛의 양과 바람 등 달라진 환경에 적응하지 못하면 죽고, 적응하면 살 것이다. 수십 년 동안 길들여진 햇빛과 바람이 한순간 달라지면 적응하기 쉽지 않을 테니까. 그래도 살기 위해서 적응해야 한다.

어릴 때는 가까이 있어도
큰 무리가 없어 보인다.

자라면서 옆 나무를 의식해
그쪽으로 가지를 뻗지 않아서
멀리서 보면 한 그루 같다.
이런 나무를 부부 나무라고 한다.

솎아베기

숲에 가면 나무를 잘라 쌓아놓은 게 보인다. 이 나무는 왜 잘랐을까? 다가가서 보니 소나무다. 주로 죽거나 병든 나무를 자르는데, 혹시 재선 충인가? 소나무에 기생하는 재선충은 겨울 추위를 못 견뎌서 남부 지방에 나타난다고 들은 기억이 난다. 그럼 다른 병인가?

죽은 원인도 궁금하지만, 죽은 뒤 어떻게 처리될지 궁금하다. 요즘은 나무를 자르면 그냥 숲에 두는 경우가 많다. 병충해에 걸려서 자른 나무는 약품 처리를 한 뒤 비닐로 덮어 주변에 퍼지지 않게 하고, 햇빛이나 양분이 부족해서 죽거나 벌레, 버섯 등이 침투해서 죽은 나무는 잘라서 숲에 쌓아둔다. 곤충이 살기 좋은 환경을 만들어주는 것이다. 이렇게 쌓아둔 나무를 '곤충 아파트' '곤충 빌라'라고 부르기도 한다.

베지 않고 그냥 두면 안 될까? 그대로 죽은 나무의 역할을 하면 좋을 텐데 왜 벨까? 죽은 나무를 베기보다 솎아베기thinning(간벌間伐)하는 경우가 많은 것 같다. 솎아베기는 왜 할까?

솎아베기는 나무가 더 건강하게 자랄 수 있도록 약한 나무를 제거하는 것이다. 나무가 자라는 데는 적당한 간격이 필요하다. 너무 가까이 있으면 가지를 잘 뻗지 못해 햇빛을 제대로 못 받는다. 나무의 건강을 생각하면 적당한 거리를 두는 게 좋다.

나무는 간격이 좁으면 곧게 자란다. 처음에 간격을 좁게 심었다가 솎아베기하면 곧고 굵은 목재를 얻을 수 있다. 그런 이유로 적당한 시기에 솎아베기하기도 한다.

솎아베기한 나무를 잘라서 쌓아둔다.
이런 것을 '곤충 아파트'라고 부른다.

산에 가면 나무에 노란색이나 흰색 페인트칠한 것이 보인다. 솎아베기하거나 보호할 나무를 표시한 것이다. 이런 숲 가꾸기 사업에 해마다 2000억 원 정도가 든다고 한다. 숲을 가꿀 때 숲의 경제적인 가치보다 숲의 다양성에 초점을 두면 솎아베기할 필요도 없을 것이다.

솎아베기

나무가 일정한 크기 이상으로 자랐을 때나 심은 뒤 10~20년 사이에 비교적 굵은 나무를 제거하는 작업이다. 숲 속에서 통풍을 좋게 하고, 나무의 경쟁을 줄여 적당한 생육 환경을 제공하는 방법이다.

솎아베기의 종류는 형질이 좋지 않은 나무를 베어내는 하층 솎아베기, 큰 나무를 베어내는 상층 솎아베기, 세력이 지나치게 강한 종을 솎아내는 택벌식 솎아베기 등이 있다. 우리나라에서는 미래목을 정해놓고 그것의 생장을 저해하는 나무를 제거하는 도태 솎아베기를 많이 한다.

담쟁이

　나무 몇 그루, 풀 몇 포기 그린다고 숲 풍경 같지는 않다. 숲의 아래층을 이루는 이끼, 고사리, 작은 나무 등도 그려야 비로소 숲다운 풍경이 된다. 한 가지 더 있다. 덩굴식물, 그중에서도 담쟁이는 숲 풍경에 단단히 한몫한다. 담쟁이덩굴 하나만 그려도 멋진 풍경이 완성된다.

　다래, 등나무, 칡 같은 덩굴식물은 올라탈 나무를 감고 올라간다. 이는 나무의 물관과 체관을 압박하는데, 그 결과 나무가 죽는다. 나무는 죽은 뒤에도 똑바로 서 있다. 덩굴식물은 한동안 햇빛을 받으며 성장한다.

　같은 덩굴식물이라도 담쟁이는 다르다. 칭칭 감고 올라갈 필요가 없다. 흡착판이 있는 개구리 발 같은 뿌리가 나오기 때문이다. 그 흡착판으로 나무줄기나 담벼락에 붙어서 뻗어간다. 능소화도 뿌리가 나오지만 그 뿌리는 담의 틈새를 파고들어야 부착이 되는 반면, 담쟁이는 매끈한 벽면도 흡착판으로 붙어서 몸을 지탱할 수 있다. 지름이 1밀리미터밖에 안 되는 흡착판 하나가 200그램을 지탱하고, 전체적으로 자기 몸무게의 수만 배를 지탱할 수 있다니 그 힘이 대단하다.

　담쟁이를 관찰하다 보면 더 신기한 게 있다. 담쟁이 줄기 하나에 모양이 다른 잎이 있다. 주로 아래쪽에 삼출엽이, 위로 올라가면 홑잎이지만 세 갈래로 갈라진 잎이, 맨 위쪽은 홑잎 형태를 띤 잎이 달린다. 아주 다른 잎이다. 이를 '잎의 분화 현상'이라고 하는데, 뽕나무와 생강나무, 황칠나무, 모란 등 다른 나무에서도 가끔 나타난다. 이 밖에 약간 다른 잎이 나오는 나무가 있지만, 담쟁이처럼 다른 나무는 없다.

왜 그런지 아직 잘 모른다. 어떤 이는 광합성과 연관이 있음이 분명하다며, 맨 아래는 햇빛이 잘 도달하지 않아 삼출엽이 된 것이라고 한다. 그렇다면 홑잎이 겹잎보다 광합성 효율이 좋기 때문에 햇빛이 적게 도달하는 맨 아래가 홑잎이고, 위쪽이 겹잎이 되어야 한다. 담쟁이가 위쪽뿐만 아니라 옆으로 뻗거나 담을 넘어서 아래로 처지는 경우도 있는데, 이때는 아래쪽에 삼출엽이 나오지 않는다. 단순히 햇빛의 정도에 적응한 홑잎과 겹잎의 문제는 아닌 듯하다.

겹잎과 홑잎 이야기는 광합성보다 수분과 관련해서 설명하기도 한다. 광합성을 많이 하면 증산하는 양도 늘어난다. 증산하는 양이 많을수록 수분을 많이 흡수해야 하는데, 이것이 식물에게 힘든 일이 될 수도 있다. 초기에 겹잎 형태로 수분 흡수의 부담을 덜고, 나중에 안정되면 홑잎을 만들어내는 게 아닐까? 잎의 분화 현상을 정확히 설명하긴 어렵다.

전문가는 자기 분야 외의 것에 관심을 덜 가지고, 대학과 연구 기관은 성과를 내야 하는 압박 때문에 순수한 호기심을 해결할 만한 연구를 하지 않는다. 자연에 관심을 가지고 이런 현상을 관찰하고 호기심을 품는 아마추어 연구자가 많아졌으면 좋겠다. 전문가들이 해결하지 못하는 어려운 문제를 이들이 해결할 수도 있지 않을까?

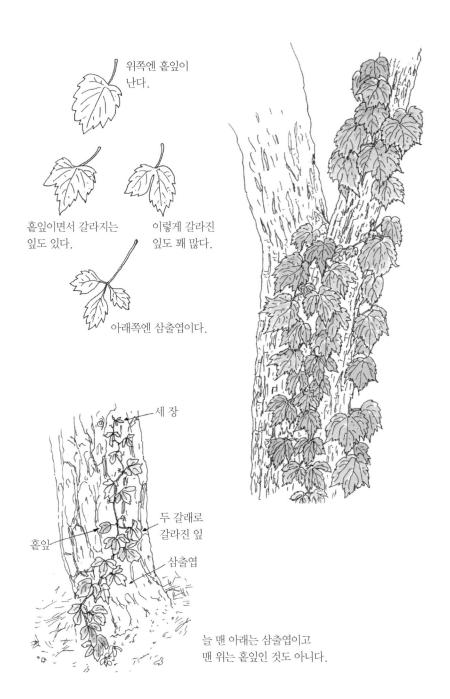

위쪽엔 홑잎이
난다.

홑잎이면서 갈라지는
잎도 있다.

이렇게 갈라진
잎도 꽤 많다.

아래쪽엔 삼출엽이다.

세 장

두 갈래로
갈라진 잎

홑잎

삼출엽

늘 맨 아래는 삼출엽이고
맨 위는 홑잎인 것도 아니다.

밤나무

참나뭇과에 속하는 밤나무는 꽃 모양과 향이 특이하고 꿀도 많다. 흔히 밤꽃 향은 남자의 정액 냄새와 비슷하다고 한다. 연구 결과 꽃가루 성분에서 정액과 비슷한 단백질이 발견됐다니 일리 있는 얘기다. 꽃은 다소 늦은 6월에 피는데 열매는 추석 무렵이면 다 익으니, 뒷심이 강한 나무다. 덜 익었을 땐 먹지 못하게 가시가 있고, 다 익으면 저절로 벌어진다. 기다림을 가르쳐주는 열매다.

밤나무의 여름 잎은 짙은 초록색과 옅은 초록색이다. 옅은 색이 새로 난 잎이다. 보통 봄에 난 잎을 춘엽春葉, 여름에 난 잎을 하엽夏葉이라고 한다. 1년에 두 번 자라는 것이다.

나무가 한 해에 얼마나 자랐는지 알아보는 방법이 있다. 올해 새로 나온 가지를 찾아서 그 길이를 재보면 된다. 새 가지는 이제 막 나왔기 때문에 목질부가 덜 발달해서 초록색을 띤다. 지난해에 난 묵은 가지는 어두운색을 띠기 때문에 구별된다. 나무를 만나면 새 가지를 찾아보자. 생각보다 길다.

1년에 한 번 자라는 나무가 있고, 여러 번 자라는 나무가 있다. 밤나무같이 두 번 이상 자라는 나무는 자율 생장을 한다고 하고, 소나무나 잣나무같이 1년에 한 번 자라는 나무는 고정 생장을 한다고 한다. 고정 생장을 하면서 많이 자랄 수도 있고 자율 생장을 하는데 조금 자랄 수도 있

여름에 새로 난 잎

여름에 난 밤나무 잎
봄에 잎이 나고 여름에 또 잎이 나는 나무가 있다.
이렇게 자율 생장을 하는 나무는 싸리, 국수나무,
때죽나무, 산딸기나무, 느티나무, 아까시나무 등이다.

07.27

341

겠지만, 대체로 자율 생장을 하는 나무가 생장이 빠른 편이다. 물론 키가 크게 자라는 것은 다른 이야기다. 고정 생장을 주로 하는 바늘잎나무가 자율 생장을 하는 넓은잎나무에 비해 키가 큰 편이지만, 넓은잎나무는 옆으로 많이 자라며 체격을 불린다.

집 앞 버드나무를 관찰해보니 한 해에 네 번이나 자랐다. 생장이 빠를 수밖에 없다. 덩굴나무는 뭔가 올라타야 하기 때문에 많이 자란다. 고정 생장을 하고 조금 자라면 다른 나무를 올라탈 수가 없다. 칡이나 등나무, 담쟁이, 능소화 같은 덩굴나무는 자율 생장을 한다.

아무 흔적도 보이지 않던 땅에서 봄이 되면 칡덩굴이 나와 10미터 가까이 자라는 것을 볼 수 있다. 한 해에 10미터라니 대단한 생장이다. 그러니 덩굴나무는 몸을 단단하게 할 여력이 없다. 일단 길게 자라야 한다. 얼른 올라탈 나무를 찾아야 한다. 그런 나무를 찾으면 그제야 안심하고 몸을 단단하게 만든다.

위패를 밤나무로 만드는 이유
제사상에 밤이 올라간다. 조상을 모시는 사당이나 제를 올릴 때 위패는 밤나무로 만든다. 왜 그럴까? 밤이 조상을 잊지 않기 때문이라고 한다. 밤을 심으면 싹이 나고 밤나무로 자란다. 그렇게 자란 밤나무가 다시 열매를 만들 때까지 땅속에 심은 밤은 그 형태를 유지한다. 자손이 나왔는데 아직 본모습을 유지하니 조상을 잊지 않는다고 생각한 것이다.
사실은 그렇지 않다. 새로 심은 밤나무에 밤이 달리기까지 몇 년이 지나야 한다. 땅속에 심은 밤은 새싹에게 양분을 제공해야 하기 때문에 당분간 그 모양이 변하지 않는 것은 맞으나, 1년쯤 지나면 썩는다. 다른 씨앗에 비해 그 모양을 오래 유지하는 데서 생긴 말인 듯하다.

바람

바람이 분다. 나뭇잎이 흔들린다. 숲 속에서 맞는 바람은 어느 때나 좋지만 더운 여름날에 특히 좋다. 숲 속 생물은 바람에도 적응하며 산다. 지구에 아직 곤충이 없을 때 식물은 바람에 의지해서 꽃가루받이했다. 작고 가볍게 만들어서 잘 날아가도록 했다.

바람을 이용해 씨앗을 멀리 보내기도 한다. 민들레 씨앗은 갓털을 붙였고, 단풍나무 열매는 날개를 달았다. 나는 것은 중력을 거스르는 일이다. 그러기 위해 날개와 갓털을 달고, 몸을 말려야 한다. 솔방울이 익어가는 것은 말라가는 것이다. 날개 달린 씨앗을 바람에 맡기고, 언젠가 자신을 닮은 멋진 소나무가 되길 바란다.

바람이 다 좋은 것은 아니다. 나무에게 바람은 힘든 존재다. 햇빛을 많이 받기 위해 겹치는 면적을 줄여가며 잎을 최대한 많이 낸다. 잎을 지나치게 많이 내면 바람이 불 때 강한 마찰이 일어난다. 그래서 가지나 줄기가 부러지고, 나무가 뽑혀 넘어지기노 한다. 이넌 일을 막기 위해 나뭇잎은 선택해야 한다. 햇빛을 많이 받고 바람길도 잘 통하려면 마름모를 닮은 타원형 잎을 만들어야 한다. 나뭇잎이 대개 타원형인 것도 이 때문이다.

바람이 나뭇잎에게 나쁜 것만은 아니다. 나뭇잎의 표면 온도가 낮아야 증산하는 양을 줄일 수 있고, 가끔 의도하지 않게 도토리도 강한 바람에 멀리 날아갈 수 있다. 두려움과 즐거움, 걱정과 설렘도 가만 보면 한 끗 차이다. 지금도 숲 속에서는 바람이 불고, 그 바람 때문에 새로운 숲의 역사가 쓰인다.

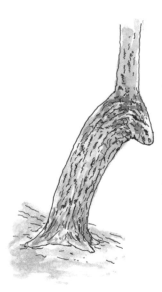

바람에 줄기가 부러진다.

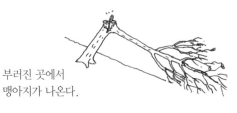

부러진 곳에서
맹아지가 나온다.

맹아지는 자라고 부러진 자리는
서서히 상처가 아물어간다.

가끔 숲에서
이런 나무를 만난다.
어떻게 이런 모습이
됐는지 신기하다.
아마도 바람이 만든
나무일 것이다.

맹아지가 꽤 자라고
붙었던 가지는 떨어진다.

나머지 상처가 아물면서
유니콘처럼 생긴 나무가 된다.

상처

 나무껍질이 세로로 쭉 찢어졌다. 누가 그랬을까? 나무에 세로로 상처를 내는 것은 주로 바람, 눈, 볕데기, 동파, 번개 등이다. 나무가 세로로 갈라진 것은 크게 위험하지 않은데, 그곳에 버섯 균이 들어가면 위험하다. 가로로 갈라진 것이 오히려 위험하다. 물관과 체관이 손상되는 상처이기 때문이다.

 번개가 낸 상처는 세로로 길게 찢어지는데, 까맣게 탄 흔적이 있어 알아채기 쉽다. 나무는 번개를 맞으면 대부분 죽는다. 번개가 낸 상처 말고 다른 원인으로 난 상처는 전문가가 아니면 구별하기 어렵다. 동파는 주로 나무줄기 남쪽 부분에서 일어나고, 볕데기는 주로 단풍나무나 쉬나무처럼 나무껍질이 얇은 나무에서 일어난다. 나무에 상처가 생기는 원인을 정확히 알아내려고 하기보다, 나무에 생긴 상처를 알아보는 것만으로 좋을 듯하다.

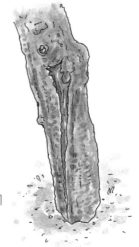

세로로 난 상처는 원인이
여러 가지일 수 있다.

동파 현상

겨울보다 봄에 주로 발생한다. 낮에 온도가 높아졌다가 밤에 급격히 온도가 낮아져서 나무 내부의 수분이 얼 때 부피가 늘어나 물관이 파괴되는 현상이다.

나무줄기 남쪽에서 많이 발생하는 원인은 뜨거운 물이 빨리 어는 음펨바 효과에 따른 결과가 아닐까 싶다. 나무줄기 남쪽은 한낮 동안 햇볕에 달궈지기 때문에 밤에 다른 쪽보다 빨리 언다. 나무의 속재목과 겉재목의 수축 정도가 달라서 터지는 현상이라고 하는 의견도 있다.

볕데기 현상

여름에 뜨거운 햇볕에 나무가 타는 현상이다. 주로 줄기 밑동부터 시작된다. 볕데기가 지속되면 이후 갈라진 부위가 떨어지면서 두 나무가 되듯 갈라진다. 나무껍질이 얇은 나무에서 피해가 많다.

송진 채취

예부터 송진은 약재로 쓰였으나 대량 채취된 것은 일제강점기다. 2차 세계대전 중인 1941년, 미국은 일본에 석유 수출을 중단한다. 일본은 부족한 연료를 대신하기 위해 본격적으로 송진을 채취한다. 소나무에 'V 자형' 홈을 파거나, 소나무를 가마에 넣고 열을 가해서 얻은 송진을 테레빈유와 로진으로 정제한다. 테레빈유는 가솔린 대신 항공기 연료로 사용하고, 로진은 방수포와 잉크를 만드는 데 사용했다. 1943년 한 해에 송진을 4000t이나 채취했다는 기록이 있다. 해방 후에도 송진을 채취했으나 곧 타산이 맞지 않아 멈췄다.

송진은 다른 용도로도 쓰인다. 예전에 배를 만들 때 틈을 메우기 위해 접착제로 사용했고, 요즘 야구 선수가 사용하는 로진 팩과 바이올린 연주자가 활에 바르는 것도 송진이다. 그 밖에 구두약이나 기타 의약품으로 사용된다.

오래된 소나무에 난 상처는 송진을 채취한 흔적이다.

겨울눈

　겨울철 숲에서 하늘을 올려다보면 가지가 저마다 다른 각도와 모습으로 하늘을 나눈다. 느티나무는 조금 자잘한 가지로 하늘을 나누고, 오동나무는 뭉툭하고 단순하게 하늘을 나눈다. 그 모든 것은 겨울눈에서 비롯된다. 나무의 겉모습은 겨울눈의 위치와 크기, 모양에 따라 달라진다. 바꿔 말하면 나무의 미래는 겨울눈을 보고 짐작할 수 있다. 겨울 숲에 아무것도 없다고 하지 말고, 나무마다 다른 겨울눈을 관찰하며 겨울 숲을 즐겨보자.

나무의 실루엣을 그리다 보면
모양이 저마다 다르다.
그 출발은 겨울눈이다.
겨울눈이 나무의 모양을
만든다.

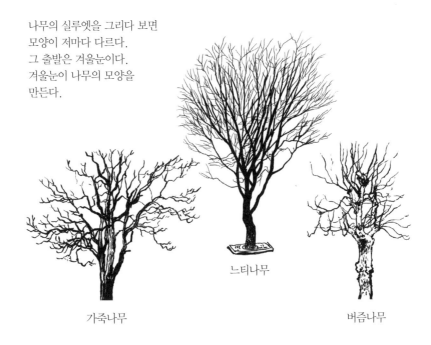

느티나무

가죽나무　　　　　　　　　　　　　　　　　버즘나무

347

꽃눈
목련 꽃이 여기서
핀다.

잎눈이다.
여기서부터
털이 줄어든다.

옷을 여미듯
접힌 자국이 있다.
여기서부터
눈껍질이
벗겨지는 것 같다.

지난해 꽃이
떨어진 자리

겨울눈을 잘라보면
안에 꽃이 있다.

백목련 겨울눈
03.08

나무는 겨울눈을 통해서 키가 자라고, 줄기는 부름켜에 의해서 통통해진다.
나무의 키와 모양은 겨울눈에서 시작된다는 것을 알 수 있다.

지지난해 겨울
겨울눈이
생겼다.

지난해 봄
겨울눈에서
새싹이 돋으며
자란다.
원래 있던 줄기는
통통해진다.

지난해 겨울
새로 줄기가
자랐다.

올해 봄
다시 겨울눈에서
새싹이 돋으며
자라고, 원래 있던
줄기는 통통해진다.

올해 겨울
잎이 지고 겨울눈만
남았다. 이듬해 다시
그 자리에서 새싹이
날 것이다.

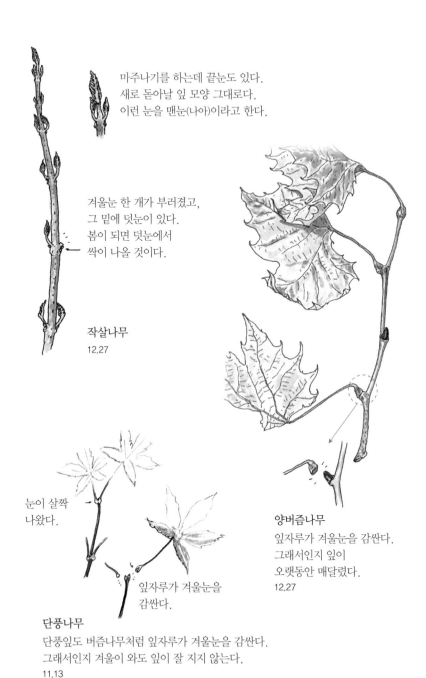

마주나기를 하는데 끝눈도 있다.
새로 돋아날 잎 모양 그대로다.
이런 눈을 맨눈(나아)이라고 한다.

겨울눈 한 개가 부러졌고,
그 밑에 덧눈이 있다.
봄이 되면 덧눈에서
싹이 나올 것이다.

작살나무
12.27

눈이 살짝
나왔다.

잎자루가 겨울눈을
감싼다.

단풍나무
단풍잎도 버즘나무처럼 잎자루가 겨울눈을 감싼다.
그래서인지 겨울이 와도 잎이 잘 지지 않는다.
11.13

양버즘나무
잎자루가 겨울눈을 감싼다.
그래서인지 잎이
오랫동안 매달렸다.
12.27

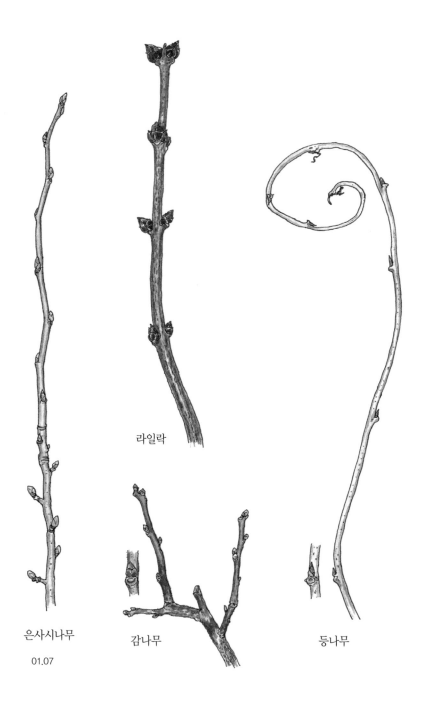

라일락

은사시나무

01.07

감나무

등나무

오동나무   두릅나무   튤립나무

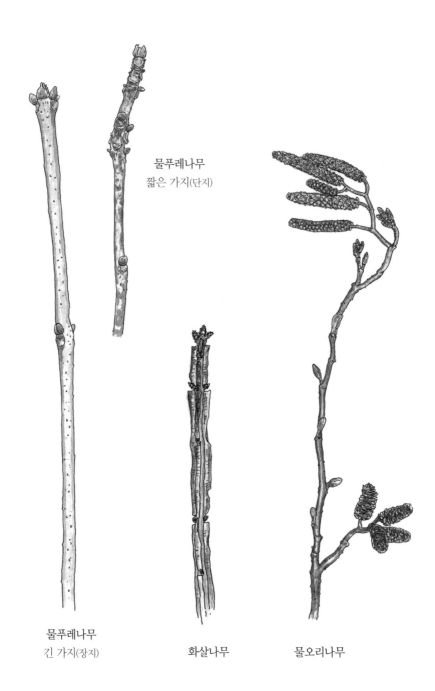

물푸레나무
짧은 가지(단지)

물푸레나무
긴 가지(장지)

화살나무

물오리나무

겨울눈이란?

일반적으로 눈芽, bud은 생장점을 말한다. 덜 자란 줄기로 보며, 끝에 분열조직이 있어서 세포 분열을 하는 기관이다. 풀과 나무 모두 이런 눈이 있는데, 겨울눈은 나무에만 있다. 풀은 어느 정도 생장하고 겨울이 되면 줄기가 말라 죽고, 이듬해에는 씨앗이나 뿌리에서 새싹이 나온다. 나무는 한 해 동안 자라고, 이듬해 그 자리부터 다시 자라난다. 그래서 씨앗을 대신해 만든 게 바로 겨울눈이다.

겨울눈은 언제 생길까? 날 때부터 있다. 겨울눈에서 새싹이 나올 때 그 새싹에도 작지만 겨울눈이 있다. 겨울눈도 꽃이나 열매처럼 자란다. 봄에는 작지만 여름이 지나면 제법 통통해지고, 가을이 되면 겨울나기 좋게 제 모습을 갖춘다.

겨울눈의 종류

나무마다 겨울눈의 모양이 조금씩 다르다. 겨울눈 모양을 쉽게 구별하려면 비슷한 것을 묶어서 보자. 겨울눈은 주로 생김새를 보는데, 눈이 달린 위치부터 봐야 한다.

가지 끝에 난 눈이 끝눈(정아頂芽), 가지 주변에 난 눈이 곁눈(측아側芽)이다. 헛끝눈(가정아假頂芽)이나 잎겨드랑이에 나는 겨드랑눈(액아腋芽)은 곁눈의 일종으로 보면 된다. 마주나기나 어긋나기는 흔히 가지나 잎이 난 구조를 말하는 것으로 안다. 사실은 겨울눈이 가지에 마주 붙었으면 마주나기, 어긋나게 붙었으면 어긋나기라고 한다.

겨울눈이 나중에 자라서 무엇이 되는지에 따라 나누기도 한다. 꽃이 나오고 나중에 열매도 맺는 눈을 꽃눈(화아花芽), 잎이나 줄기가 나오는 눈을 잎눈(엽아葉芽)이라 한다. 이렇게 둘로 나뉜 것은 목련, 산수유, 생강나무, 오동나무 등으로 그 숫자가 많지 않다. 꽃과 잎이 같이 나오는 섞인눈(혼합눈, 혼아混芽)이 많다. 섞인눈은 생김새가 통통한 게 꽃눈과 비슷하다.

겨울눈의 생김새에 따라 나누기도 한다. 비늘 모양 껍질로 싸인 눈을 비늘눈(인아鱗芽), 싸이지 않은 눈을 맨눈(나아裸芽)이라 한다. 비늘눈은 용의 발톱이나 물고기 비늘처럼 비늘 조각(아린芽鱗)이 덮인 것이 대표적이다. 이외에 가죽옷을 입은 것(일본목련, 물오리나무, 뽕나무 등), 털옷을 입은 것(목련, 백목련 등)으로 나눌 수 있다. 잎자국 위에 보일락 말락 한 눈은 묻힌눈(은아隱芽)이라고 하며 다래, 아까시나무, 회화나무 등이 여기에 속한다.

활동하는 상태에 따라 다르게 부른다. 껍질 속에 생겨서 잘 보이지 않는 눈은 숨은눈(잠아潛芽, 맹아萌芽)이라고 하는데, 나무에게 무슨 일이 생기면 맹아지로 자란다. 막눈(부정아不定芽)은 상처가 나면 바로 나오는 눈이다. 이외에도 잎자루에 숨은 것, 끈적끈적한 것을 발라놓은 것(칠엽수, 철쭉), 겨울눈 자루가 긴 것(물오리나무) 등 다양하다.

다양성

가을이라 나뭇잎이 많이 떨어졌다. 모양대로 주워보니 금방 열 가지가 넘는다. 잎이 다른 것은 나무가 다르기 때문이다. 나무는 왜 저마다 다른 잎을 달았을까? 생김새가 같다는 것은 같은 종이란 뜻이다. 나무가 다르다는 것은 다른 종이라는 뜻이니 그 안에 답이 있다. 따라서 '나무는 왜 다르게 생겼지?'라는 질문은 '나무는 왜 다른 종으로 분화했나?'라는 질문과 같다.

나무도 조상을 거슬러 올라가면 하나다. 지금처럼 나뉜 까닭은 뭘까? 씨앗으로 퍼지면서 저마다 다른 환경에 노출되고, 그 기간이 길어지면서 그곳에 적응한 결과일 거라고 추측한다. 잎은 광합성을 하고 증산작용도 한다. 꽃은 곤충을 불러들인다. 열매는 멀리 번식해야 한다. 나무껍질은 나무를 보호해야 한다. 각각 나무의 생존을 위해 디자인했을 텐데, 사는 곳이 다르다 보니 환경에 적합하게 저마다 능력을 발휘해서 진화한 것이다. 그 지역에 사는 초식동물이나 애벌레가 나무의 겉모습을 바꾸기도 했을 것이다. 동물도 다르지 않다.

자연에는 다양성이 가득하다. 숲을 산책하면서 다양성만큼 절실하고 마음에 와 닿는 말도 없다. 청소년이나 어린이에게 다양한 삶의 중요성을 느끼게 하고 싶다면 숲에 데려가자. 숲이 우리가 할 말을 대신 해줄 것이다.

"걱정하지 마. 좀 부족하면 어때? 좀 느리면 어때? 좀 다르면 어때? 그런 게 세상이고 삶이란다."

6장

다시
집으로

전주 집으로 온다. 집에 치자나무 꽃이 피었다. 생각지도 못했는데 하얗게 피어서 먼 곳을 돌아 쉬러 온 나를 반기는 듯하다. 향을 맡아보니 오! 신기하다. 헤이즐넛 커피 향이 난다. 치자나무 꽃에서 이런 향이? 정말 신기하다.

수술
여섯 개

꽃잎
여섯 장

꽃받침
여섯 개

치자나무 꽃
향이 좋다.
내 코엔 헤이즐넛이나 코코넛 향 같다.
사람들은 다른 향이라고 한다.

06.11

늘푸른나무 잎은 통통하고
왁스 층이 발달해서
겨울을 나기 좋다.

피기 전에는 나팔꽃처럼
말렸다.
피면서 흰색으로 변한다.

꽃받침이
특이하다.

암술이 아래까지
길게 이어졌다.

열매가 여물어간다.

07.19

그 옆에는 모란이 열매를 맺었다. 4월에 진한 자줏빛 꽃이 핀 기억이
난다.

텃밭에는 고추가 몇 개 열렸고, 가지도 꽃을 피웠다. 괭이밥은 열매가
맺혔다. 마 덩굴은 감나무를 휘감고 3미터나 올라갔고, 담쟁이도 벽을
타고 있다. 며칠 타지 않은 자전거에 거미가 어느새 집을 지었다. 멀리
가지 않아도 집 안에 이렇게 많은 생명이 산다.

숲을 제대로 읽는 일은 지식이 아니다. 물끄러미, 꾸준히 관찰하는 것
이다. 이런 관찰은 사랑하지 않으면 불가능하다. 자연에 호기심을 품고
좋아하는 것이 출발이다. 헤르만 헤세는 나무와 이야기하고 나무에 귀
기울일 줄 아는 사람은 진리를 아는 사람이라고 했다. 이 말을 자연으로
확대하면 얼마나 많은 진리에 가까워질 수 있을까?

오늘 이 순간도 어제의 나보다 조금 다른 사람이 되길 바란다. 그것이
내가 숲에 가고 자연을 관찰하는 이유다.

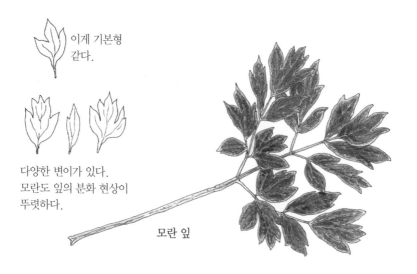

이게 기본형
같다.

다양한 변이가 있다.
모란도 잎의 분화 현상이
뚜렷하다.

모란 잎

꽃잎은 열두 장이다.
꽃잎에서 향이 난다.
수술에서 나는 게
아니었다.

05.04

수술이 백 개도 넘는다.   암술은 기본이 다섯 개인데
여섯 개나 일곱 개도 있다.

나무 식별하는 법 7단계

나무를 봤는데 도무지 무슨 나무인지 모르겠다. 집에 와서 도감을 찾아봐도 그게 그것 같고 헷갈린다. 이런 때 나무를 정확히 관찰하고 오래 기억하는 요령이 있다.

먼저 풀인지 나무인지 구별해야 한다. 나무에는 겨울눈이 있다. 간혹 풀에도 눈 같은 것이 있지만, 겨울눈이라기보다 그곳에서 줄기가 나오거나 열매가 자랄 눈이다. 여름이 지나면 새로운 줄기가 나와 없어진다. 나무는 겨울에도 눈이 그대로 있다. 봄에는 헷갈릴 수 있지만 여름이 지나면 쉽게 구별된다.

풀과 나무의 다른 점으로 리그닌이 있다. 리그닌은 풀에는 없고 나무에 있으며, 흰개미 이외 동물은 소화하지 못한다. 판다가 대나무를 통째로 먹지만, 셀룰로오스를 섭취하고 리그닌은 배설한다.

이제 나무와 풀을 구별할 수 있다. 나무라면 다음 단계로 넘어가자. 바늘잎나무인가, 넓은잎나무인가? 바늘잎나무는 알다시피 잎이 바늘을 닮았다. 바늘잎 중에서도 가늘고 긴 게 있고, 주목처럼 조금 짧고 도톰한 것이 있다. 바늘과 좀 다른 잎도 있다. 편백이나 화백처럼 비늘잎 형태도 있다. 은행나무는 넓은잎 형태지만, 생물학적 특성상 바늘잎나무에 가깝다. 정확히 말하면 바늘잎나무가 모두 그렇듯 겉씨식물이다.

우리나라에 있는 바늘잎나무는 수십 종에 불과해 금방 알 수 있다. 바늘잎나무라면 도감에서 바늘잎나무 페이지를 펴고 찾아보자. 넓은잎나무는 종류가 많아 어렵다. 넓은잎나무라면 한줄기나무인지 여러줄기나무인지 살핀다. 한줄기나무 중에서도 어릴 때 상처가 났거나 특정한 시기에 병에 걸리면 맹아지가 나타나 여러 줄기로 올라오는 것도 있다. 한줄기나무와 여러줄기나무 말고 덩굴나무도 있다. 덩굴나무는 모양 때문

1단계	풀	나무	
2단계	바늘잎	넓은잎	
3단계	한줄기나무	여러줄기나무	덩굴나무
4단계	마주나기	어긋나기	
5단계	홑잎	겹잎	
6단계	갈래잎	안갈래잎	
7단계	톱니 ○	톱니 ×	

에 알아보기 쉽다.

다음 단계에는 가지가 어떤 방식으로 나는지 봐야 한다. 가지와 잎은 겨울눈에서 나오므로, 겨울눈이 어떤 방식으로 나오는지 보면 된다. 마주 보고 나는 것을 마주나기, 어긋나게 나는 것을 어긋나기라고 한다. 겨울눈이 마주나는 것은 가지와 잎도 마주난다. 뭉쳐나기와 돌려나기도 있지만, 실제로 나무는 대개 마주나기와 어긋나기다. 바늘잎나무는 소나무처럼 한곳에서 여러 잎이 나서 뭉쳐난다고 할 수 있으나, 다른 방식으로 구분했으니 넓은잎나무에서 뭉쳐나기는 큰 의미가 없다.

돌려나기는 풀 중에 꼭두서니가 해당된다. 나무 중에 돌려나기는 없다고 봐도 좋다. 가끔 진달래나 철쭉이 돌려나는 듯하나, 어긋나기 간격이 좁아서 돌려나기처럼 보이는 것이다.

이제 잎의 형태를 보자. 잎자루에 작은 잎이 여러 장 붙어 하나를 이루는 것을 겹잎, 잎자루에 붙은 잎이 한 장인 것을 홑잎이라고 한다. 겹잎에는 깃꼴겹잎, 손꼴겹잎, 삼출엽 등이 있다. 아까시나무, 등나무, 물푸레나무, 가죽나무가 날개 모양처럼 생긴 깃꼴겹잎(우상복엽羽狀複葉)에 속한다. 사람 손바닥이나 손가락 수와 비슷한 손꼴겹잎(장상복엽掌狀複葉)에는 으름덩굴이나 칠엽수(일곱 장이지만 다섯 장짜리도 많다)가 있다. 세 장이 나오는 삼출엽에는 칡이나 싸리 같은 콩과 식물이 많고, 복자기 같은 나무도 여기에 속한다.

다음은 결각이 있느냐 없느냐로 구별한다. 결각은 단풍나무 잎처럼 한 장이지만 파인 것을 말한다. 파인 것을 갈래잎, 그렇지 않은 것을 안갈래잎이라고 한다. 갈래잎이 되는 것은 겹잎과 홑잎에서 이야기했듯이 잎의 표면적을 넓히려는 의도로 보인다.

다음 단계는 톱니다. 한자어로 거치鋸齒라고 한다. 거鋸는 톱을 뜻한다. 잎 가장자리에 톱니가 있는 게 있고, 없는 게 있다. 톱니는 아주 작은 것도 있고, 좀 큰 것도 있다. 홑 톱니도 있고, 이중 톱니도 있다. 이런 것을 찬찬히 본다. 톱니는 결각처럼 잎의 표면적을 넓히려는 의도나, 가시처럼 만들어서 곤충의 공격을 방어하려는 의도로 보인다. 하지만 정확한 원인은 알 수 없다.

이렇게 몇 단계를 거치면 그 나무가 어떤 모양이고, 어떤 종류에 속하는지 대략 알 수 있다. 도감도 이런 식으로 찾도록 구성되었고, 이런 설명이 많다.

단번에 알아보는 나무가 있고, 여러 단계를 거쳐도 헷갈리는 나무도 많다. 직관적으로 한 번에 알아볼 수 있는 특징도 있다. 나무껍질이 너덜너덜하다거나, 군복처럼 얼룩무늬가 있다거나, 색깔이 자작나무처럼 흰색이면 다른 것을 보지 않아도 어떤 나무인지 추측하기 쉽다.

가지에 가시가 있는 것도 큰 특징이다. 가시는 초식동물을 막기 위해서나 잎이 변해 수분 증발을 막기 위해서 있다고 한다. 나무에 따라 크기와 모양이 다른 가시가 있지만, 종류가 많지 않기 때문에 가시가 난 것도 쉽게 알 수 있다.

잎 뒷면에 털이 수북하게 난 것도 특징이 된다. 형태가 특이한 열매도 있다. 그 열매만 보고 나무가 어떤 종류인지 맞힐 수 있다. 반드시 도감에 제시된 방법으로 알 수 있는 것은 아니고, 자기만의 방법을 동원해서 그 나무를 알아보면 된다.

이렇듯 간단한 방식으로 나무를 차근차근 들여다보면 쉽게 구별하고, 오래 기억할 수 있다. 도감을 가지고 다니면 원하는 식물을 더 쉽게 찾아낼 수 있다. 식물의 분류에 더 관심이 생기면 전문적인 분류 코드로 식물을 구분한다. 식물을 종이나 과별로 분류하는 것이 더 전문적인 방식이지만, 초보자가 처음에 다가가기는 어렵다. 시작은 좀 더 쉬운 방식이 좋다.

숲
읽어주는
남자

펴낸날 2018년 3월 30일 초판 1쇄
         2023년 7월 25일 초판 3쇄
지은이 황경택
만들어 펴낸이 정우진 강진영 김지영
꾸민이 Moon&Park(dacida@hanmail.net)
펴낸곳 04091 서울시 마포구 토정로 222 한국출판콘텐츠센터 420호
편집부 (02) 3272-8863
영업부 (02) 3272-8865
팩 스 (02) 717-7725
이메일 bullsbook@hanmail.net / bullsbook@naver.com
등 록 제22-243호(2000년 9월 18일)

황소걸음
Slow&Steady

ISBN 979-11-86821-20-6 03400
© 황경택 2018